塔里木大学"十四五"规划特色教材

现代分子生物学

实验指导

王彦芹　刘逸泠　赵沿海　马刘峰　主编

中国农业科学技术出版社

图书在版编目(CIP)数据

现代分子生物学实验指导 / 王彦芹等主编. --北京：中国农业科学技术
出版社，2023.1
ISBN 978-7-5116-5980-4

Ⅰ.①现…　Ⅱ.①王…　Ⅲ.①分子生物学-实验-高等学校-教学参考资料
Ⅳ.①Q7-33

中国版本图书馆 CIP 数据核字(2022)第 195060 号

责任编辑　张国锋
责任校对　王　彦
责任印制　姜义伟　王思文

出 版 者　中国农业科学技术出版社
　　　　　北京市中关村南大街 12 号　　邮编：100081
电　　话　(010) 82106625 (编辑室)　　(010) 82109702 (发行部)
　　　　　(010) 82109709 (读者服务部)
网　　址　https://castp.caas.cn
经 销 者　各地新华书店
印 刷 者　北京富泰印刷有限责任公司
开　　本　170 mm×240 mm　1/16
印　　张　11
字　　数　198 千字
版　　次　2023 年 1 月第 1 版　2023 年 1 月第 1 次印刷
定　　价　38.00 元

《现代分子生物学实验指导》
编委会

主　编　王彦芹（塔里木大学）

　　　　刘逸泠（塔里木大学）

　　　　赵沿海（塔里木大学）

　　　　马刘峰（喀什大学）

副主编　王鹤萌（塔里木大学）

　　　　巩慧玲（兰州理工大学）

　　　　罗晓霞（塔里木大学）

　　　　包慧芳（新疆农业科学研究院）

　　　　朱新霞（石河子大学）

　　　　郝　娟（杭州师范大学）

编　者　夏占峰（塔里木大学）

　　　　白宝伟（塔里木大学）

　　　　刘占文（塔里木大学）

　　　　应　璐（塔里木大学）

　　　　邓　芳（塔里木大学）

　　　　郭　媛（塔里木大学）

前　言

　　现代分子生物学研究技术已经渗入到生命科学的各个分支学科及医药、农林的各个领域，它的迅速发展正改变着生命科学的面貌，对分子克隆技术的掌握与应用已成为这些学科在新的高度和水平揭示生命现象的共同需求。

　　本书由长期从事分子生物学教学和科研工作的人员编写。编写组成员在大量分析国内外研究方向及研究热点的基础上，结合在长期教学与科研实践中积累的丰富资料与宝贵经验，设置了思路清晰、实用易懂、层次分明的实验内容。本书具有三个显著特征：一是模块化，主要体现在实验内容包括基础实验、创新综合型实验，这种架构既适合于本科生的实验指导，也适合于研究生和初学者的科研指导；二是具有地域特色，本书中所展现的实验方法不仅包括了模式物种的操作方法，还列举了基因组和内容物复杂的极端环境生物（如嗜盐细菌、荒漠植物、棉花等物种）核酸的分离、分子杂交等技术；三是综合创新型，综合创新型模块的实验内容适合于本科生创新能力的培养，也适合于研究生综合能力的培养，同时可为科研人员学习和应用这些新技术提供指导和参考。

　　在本书的编写中，王彦芹主要负责教材的结构设置及实验十二、十三的编写及统稿，赵沿海主要负责实验十四、十八的编写，刘逸泠主要负责实验十六、十七的编写，马刘峰、郝娟负责实验一的编写，王鹤萌主要负责实验十五、十九的编写，巩慧玲负责实验九的编写，包慧芳负责实验十的编写，罗晓霞负责实验十一的编写，朱新霞负责实验八的编写，夏占峰负责实验二的编写，白宝伟负责实验三的编写，刘占文负责实验四的编写，应璐负责实验六的编写，邓芳负责实验七的编写，郭媛负责实验五的编写及校稿。

　　本书得到了国家级一流专业（生物技术）和塔里木大学一流专业（应用生物科学）建设项目的资助，在此表示衷心感谢！本书借鉴和参考了多位同行的有关书籍、文献，在此谨向参阅资料的有关作者致以诚挚的谢意！由于时间和水平有限，书中难免存在疏漏和不当之处，敬请不吝指正。

编　者

2022 年 6 月

目　录

第一部分　基础实验

第二部分　综合创新实验

第一部分

基础实验

目的基因的 PCR 扩增及琼脂糖凝胶电泳分析

一、概述

聚合酶链式反应（polymerase chain reaction）即 PCR 技术，是美国科学家 K. B. Mullis 于 1983 年发明的一种在体外快速扩增特定基因或 DNA 序列的方法。其特异性由两个人工合成的引物序列所决定。引物（primer）是人工合成的、分别与待扩增 DNA 片断两侧 3′端互补的寡核苷酸片段。

PCR 扩增的原理：双链 DNA 分子在临近沸点的温度下变性成两条单链 DNA 分子（变性）；温度降低到一定条件下，两条引物分别与两条单链 DNA 的两侧序列互补配对（复性）；再升温至适宜条件，DNA 聚合酶（Taq 酶）以单链 DNA 为模板，利用 4 种脱氧核苷三磷酸（dNTP），在引物的引导下，按 5′→3′方向复制互补 DNA 链，即引物的延伸。这种变性→复性→延伸的过程就是一个 PCR 循环，见图 1-1。

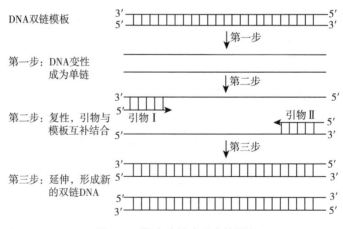

图 1-1　聚合酶链式反应的原理

在合适的条件下，这种循环不断地重复，前一个循环的产物可以作为后一个循环的模板参与 DNA 的合成，使产物 DNA 的量以 2^n 的方式扩增，其中 n 为循环次数。从理论上讲，经过 30 次循环，DNA 的扩增倍数为 $10^6 \sim 10^9$，扩增的 DNA 可以用于载体构建、测序、品种鉴定、法医鉴定、医疗卫生中的病毒检测、产前诊断、遗传病鉴定等。PCR 技术能以微量的样品获取足量的目的基因。由于该技术操作简便、高效，已在农业、食品工业、医药卫生等领域得到了广泛应用。

根据实验目的的不同，PCR 还扩展出了巢式 PCR、不对称 PCR、反向 PCR、反转录 PCR、SMART PCR 及荧光定量 PCR 等。PCR 的结果常用凝胶电泳检测分析。

带电荷的物质在电场作用下向与其自身所带电荷电性相反的电极移动的现象称为电泳。1937 年瑞典化学家 Tiselius 首先开发了蛋白质的电泳技术，并成功地将血清蛋白质分成几个组分。此后，电泳的种类及其应用的深度和广度均得到了迅速发展，成为分子生物学中分离、鉴定生物大分子的重要手段。其中凝胶电泳由于操作简单、快速、灵敏，已成为蛋白质、核酸研究最常用的方法。

电泳的原理：DNA 分子的双螺旋骨架两侧带有含负电荷的磷酸根残基，当把样品加入一块包含电解质的多孔支持的介质中，并静置于碱性环境的电场中时，DNA 分子将向阳极移动。当 DNA 长度增加时，来自电场的驱动力和来自凝胶的阻力之间的比率就会降低，不同长度的 DNA 片断就会表现出不同的迁移率，因而核酸片段混合物可依据 DNA 分子的大小得到分离。该过程可以通过示踪染料或相对分子质量标准参照物和样品一起进行电泳而得到检测。

依据制备凝胶的材料，凝胶电泳可以分为琼脂糖凝胶电泳和聚丙烯酰胺凝胶电泳。相比之下，琼脂糖凝胶在分离度上比聚丙烯酰胺凝胶差一些，但在分离范围上优于聚丙烯酰胺。一般琼脂糖凝胶适用于分离大小在 $0.2 \sim 50kb$ 的 DNA 片段。本实验主要介绍琼脂糖凝胶电泳。

DNA 的回收一般采用 DNA 凝胶回收试剂盒，这种试剂盒中的融胶液可以使琼脂糖凝胶完全融化。同时采用了一种新型的 DNA 纯化柱，在特定条件下，DNA 能在离心过柱的瞬间，结合到 DNA 纯化柱上，在一定条件下又能将 DNA 充分洗脱，从而实现 DNA 的快速纯化。无需酚氯仿抽提，无需酒精沉淀。

DNA 的回收原理：试剂盒所带的 DNA 纯化柱是一种新型的离子交换柱，其树脂质子化以后，具有在高盐、低 pH 值情况下吸附 DNA，低盐、高 pH 值情况下释放 DNA 的特性。

二、实验目的

用含有已知基因的质粒载体为模板对已知基因进行 PCR 扩增。通过本实验的学习，要求掌握：PCR 的原理、PCR 反应体系的建立；掌握 PCR 仪的使用、循环程序及参数的设计；掌握引物设计的原则；了解各种 PCR 技术的特点及应用范围。

三、时间表（表 1-1）

表 1-1　基因的 PCR 扩增、琼脂糖凝胶及 DNA 纯化回收时间表

实验内容	所需时间（h）
PCR 反应体系配置	0.5
PCR 反应时间	2
电泳	0.5
DNA 回收	1
合计	4

四、实验仪器、材料和试剂

1. 实验仪器

（1）PCR 所需仪器：Cycler PCR 仪、小型离心机、微量离心管、移液器、枪头、制冰机等。

（2）电泳所需仪器：微波炉、三角瓶、电泳仪、电泳仪电源、凝胶成像系统等。

（3）DNA 回收所需仪器：水浴锅、高速离心机等。

2. 实验材料

含目的基因（如绿色荧光蛋白基因 GFP）的载体质粒。

3. 实验试剂

（1）PCR 所需试剂：含 Mg^{2+} 的 PCR buffer、特异引物（P1、P2）、ddH_2O、

dNTPs、Taq 酶。

（2）凝胶电泳所需试剂：琼脂糖、电泳缓冲液、溴化乙锭染液（EB）或 EB 替代品、溴酚蓝等。

电泳缓冲液的配制：

TAE 缓冲液（50×）：称取 242g Tris 溶于蒸馏水，加入 57.1mL 冰乙酸，100mL 0.5mol/L 的 EDTA（pH 8.0），用 ddH$_2$O 定容至 1L。电泳时稀释为 1×。

上样缓冲液溴酚蓝的配制（6×）：25mg 溴酚蓝，4g 蔗糖，定容至 10mL，使溴酚蓝的终浓度为 0.25%，蔗糖的终浓度为 40%。使用浓度为 1×。

EB 或 EB 替代品（10mg/mL）的配制：在 20mL dH$_2$O 中溶解 0.2g EB（EB 有致癌作用，需戴手套操作）或 EB 替代品，混匀后于 4℃ 避光保存备用。

五、操作步骤

1. PCR 反应

（1）建立 PCR 反应体系（表 1-2）。

表 1-2　PCR 反应体系

试剂	体积（μL）	终浓度
10×PCR buffer	2.0	1×
dNTP 混合液	1.0	0.5~1mmol/L
P1	0.5	0.5μmol/L
P2	0.5	0.5μmol/L
Taq 酶	0.5	≥20 单位
模板 DNA	0.5	<50ng
ddH$_2$O	15（补平至 20μL）	
总体积	20	

（2）PCR 反应循环参数（表 1-3）

表 1-3　PCR 循环参数

预变性	PCR 循环			延伸	复性
94℃	94℃	55℃	72℃	72℃	4~15℃
5~8min	30s	30s	1min	8min	10min
1 循环	20~30 循环			1 循环	

经过 30 个循环后，可在 4℃ 保存 1~2h，或者在 -20℃ 长期保存备用。

2. 琼脂糖凝胶电泳检测 PCR 产物

（1）琼脂糖凝胶的制备：称取 0.2g 琼脂糖，置于三角瓶中，加入 20mL 1× TAE 工作液，封住瓶口，放入微波炉中加热至琼脂糖完全溶解。一般使用的琼脂糖凝胶的浓度为 0.8%~1.2%。

（2）胶板的制备：将有机玻璃内槽洗净，晾干，放入制胶模具中，并在固定位置插上梳子。于冷却到 40℃ 左右的琼脂糖凝胶液中加入 0.5~1μL EB 或 EB 替代品染色液，混匀后立即倒入有机玻璃内槽，使凝胶缓缓展开，室温下静置 30min 左右，待凝固完全后，轻轻拔出梳子，将铺好胶的有机玻璃内槽放入含有电泳缓冲液 TAE 的电泳槽中。

（3）点样：用移液枪取适量上样缓冲液溴酚蓝（3~5μL），加入 PCR 管中，轻轻混匀，分别加到点样孔中，每加一个样换一次枪头。加样时应防止碰坏点样孔、防止漂样。

（4）电泳：加完样品后通电进行电泳。一般按 3V/cm 的电压，即在 40~80V 或 20mA 下电泳。当溴酚蓝移动到距离胶板下沿 1~2cm 处时，停止电泳。

（5）观察和拍照：将电泳完的凝胶在凝胶成像系统的紫外光下（254nm 或 302nm 波长）下观察，DNA 存在处显示出红色的荧光条带。一般紫外光激发 30s 左右，肉眼就可以观察到清晰的条带。采用凝胶成像系统拍摄带谱。

3. DNA 片段的回收

（1）用干净的刀片在紫外灯下快速切取含目的 DNA 片段的凝胶，尽量切除多余的凝胶，置于离心管中称取其重量。

（2）于离心管中加入 3 倍体积的溶胶液（Buffer GM）。

（3）在 50℃ 水浴中放置 10min，期间不断轻轻颠倒离心管，直至胶完全溶解。如还有未溶的胶块，可再补加一些溶胶液（Buffer GM）并适当地延长溶解时间。

（4）将上一步所得的溶液加入一个吸附柱中（吸附柱放入收集管中），12 000r/min 离心 30~60s，倒掉收集管中的废液。

（5）于吸附柱中加入 800μL 漂洗液 Buffer WB（使用前先加入 96mL 的无水乙醇），静置 3~5min，12 000r/min 离心 30~60s，倒掉收集管中的废液。

（6）再次吸附柱中加入 500μL Buffer WB，静置 3~5min，12 000r/min 离心 2min，倒掉收集管中的废液。

（7）取出吸附柱，放入一个干净的离心管中，在吸附膜中间位置加入适量（20μL 左右）的洗脱缓冲液（Elution Buffer），室温放置 2min。如回收量较多，可将离心得到的溶液重新加回吸附柱中，12 000r/min 离心 2min。所收集的溶液即为所需 DNA，将 DNA 贮存于-20℃可长期保存备用。

六、结果分析

将 PCR 产物用 0.8%～1.2%琼脂糖凝胶电泳分离，然后在凝胶成像系统中进行成像分析，根据 PCR 产物的有无，通过与 DNA Marker 的比较可以较准确地估计 PCR 产物的大小，通过荧光强弱分析 PCR 产物的浓度，从而确定 PCR 结果是否正确（图 1-2）。

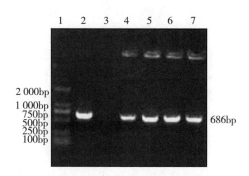

泳道 1 为 Marker，2 为阳性对照，3 为阴性对照，4~7 为待检质粒。

图 1-2　琼脂糖凝胶电泳检测 GFP 基因 PCR 扩增产物

七、注意事项

1. PCR 反应注意事项

（1）反应开始之前，在每支 PCR 管中加一滴矿物油或启动 PCR 仪的热盖程序，以防液体蒸发。

（2）MgCl₂、引物、dNTPs、Taq 酶如果浓度过大，会产生引物二聚体，从而影响 PCR 结果。

（3）PCR 循环数一般在 28~35 个为宜，超过 45 个循环会影响 PCR 结果。

（4）退火和延伸时间由扩增片段的长度来定，片段过长，可适当延长退火和延伸时间，但不能超过 2min，也不能低于 30s。

（5）PCR 反应中注意设置对照。本实验用含目的基因的载体质粒为模板，无需设阳性对照，但必须设阴性对照。所谓阴性对照就是不加模板，用以检测模板以外的试剂是否被模板污染。

2. 琼脂糖凝胶电泳注意事项

（1）必须保证琼脂糖完全溶解，可用肉眼对着光线观察，若晃动过程中还可观察到小颗粒，则表示未溶解完全，需要再次加热溶解。

（2）为保持电泳所需的离子强度和 pH，要定期更新电泳缓冲液。

（3）配制凝胶所用的电泳缓冲液应与电泳槽中的一致，熔解的凝胶冷却到50℃左右后应及时倒入板中，避免在倒入前凝固结块。倒入制胶板中时，应避免产生气泡，以免影响电泳结果。若出现气泡，可用尖头的器具戳破气泡。

（4）点样时不可刺穿凝胶，也要防止样品溢出加样孔。

（5）制胶板放入电泳槽中应保持点样孔一端接阴极（黑色电极），另一端接阳极（红色电极），切勿接反，否则样品会迅速跑出泳道。

（6）溴化乙锭是强诱变剂，具有高致癌性。使用时务必带上一次性塑料手套，并须在指定范围内操作，注意不要污染其他区域或设备。接触过溴化乙锭的废弃物均须包扎好，丢弃在指定的收集桶内，统一处理，不可乱扔。

（7）在使用凝胶成像系统时紫外线对人体有损伤作用，不可直接用肉眼观察，要注意防护。

（8）操作过程中，所用器材均应严格清洗。勿用手接触灌胶面的玻璃，以免影响凝胶质量。

（9）凝胶完全凝固后，必须放置 30min 左右，使其充分凝固后，才能轻轻取出样品梳，切勿破坏加样孔底部的平整，以免电泳后区带扭曲。

（10）切胶时刀片一定要干净，且尽量沿条带边线切。

（11）分离出的 DNA 若不及时用，应放入-20℃冰柜中保存。

（12）影响回收率和回收质量最主要因素是溶液的 pH 值和切胶的薄厚。Buffer GM 溶液为浅橙黄色，有利于观察琼脂糖是否完全溶解，也是 pH 指示剂。回收时当总体积大于 500μL 可适量多加溶液 Buffer WB。切胶越薄越好。

八、问题与讨论

（1）是否有特异性的扩增带？如果有，大小如何？亮度如何？如果没有，试分析原因。

（2）阴性对照是否有特异性的扩增带？如果有，分析其原因。

（3）是否有引物二聚体？如果有，分析原因。

（4）为什么循环次数过多（多于 45 个循环）特异性的扩增带的量很少甚至

没有？

（5）用琼脂糖凝胶分离 DNA 的理论依据是什么？

参考文献

黄留玉，2011. PCR 最新技术原理、方法及应用［M］. 2 版. 北京：化学工业出版社：61-65.

J. 萨姆布鲁克，E. F. 弗里奇，T. 曼尼阿蒂斯，1998. 分子克隆试验指南［M］. 北京：科学出版社.

王关林，方宏筠，1998. 植物基因工程原理与技术［M］. 北京：科学出版社.

吴乃虎，2000. 基因工程原理［M］. 2 版. 北京：科学出版社.

DNA 重组、感受态细胞的制备及转化

一、概述

DNA 重组（DNA recombination）技术是 19 世纪 70 年代分子生物学发展的重大成果，这项成果的主要目的是获得某一基因或 DNA 片段的大量拷贝，有了这些与亲本分子完全相同的分子克隆，就可以深入研究基因的结构与功能，并可达到人为改造细胞及物种个体遗传性状的目的。DNA 重组指 DNA 分子内或分子间发生的遗传信息的重新共价组合过程，包括同源重组、特异位点重组和转座重组等类型，广泛存在于各类生物。在体外通过人工 DNA 重组可获得重组体 DNA，是基因工程中的关键步骤。基因工程中的 DNA 重组技术，是指把外源目的基因"装进"载体的过程，即 DNA 的重新组合。这样重新组合的 DNA 被称为重组体，因为是由两种不同来源的 DNA 组合而成的，所以又称为异源嵌合 DNA。

DNA 重组本质上是一个酶促生物化学过程，DNA 连接酶是其中的重要角色。DNA 连接酶主要有两种：T4 噬菌体 DNA 连接酶和大肠杆菌 DNA 连接酶。T4 噬菌体 DNA 连接酶催化 DNA 连接反应分为三步：首先，ATP 与 T4 噬菌体 DNA 连接酶通过 ATP 的磷酸与连接酶中赖氨酸的氨基形成了磷酸-氨基键而连接产生酶-ATP 复合物；然后，酶-ATP 复合物活化 DNA 链 5′ 端的磷酸基团，形成磷酸-磷酸键；最后，DNA 链 3′ 端的羟基活化并取代了 ATP，与 5′ 端的磷酸集团形成磷酸二酯键，并释放出 AMP，完成 DNA 之间的连接。大肠杆菌 DNA 连接酶催化 DNA 分子连接的机理与 T4 噬菌体 DNA 连接酶基本相同，只是辅助因子不是 ATP 而是 NAD^+。

DNA 重组分子只有在细胞中才能得到扩增和保存，一般重组 DNA 均需要导入大肠杆菌感受态细胞中。感受态细胞是指处于易于接受外源 DNA 片段的生理状态的细胞。细菌的感受态与细菌的遗传特性、菌龄、培养条件有关。实验中常用的感受态细胞菌株均为人工改造的基因工程菌，即感受态细胞具有限制缺陷型、重组缺陷型、转化亲和型、遗传互补型、感染寄主缺陷型等特点，能够表达

外源蛋白的受体细胞除了具有上述特点外，还具有蛋白酶缺陷的特点，以上这些特点是为了提高导入细胞的质粒的稳定性、拷贝数、转化率、阳性转化子及阳性重组子分辨率、外源蛋白的稳定性等。

连接产物第一步一般转化的受体菌为 *E. coli* DH5α 或 TOP10 菌株。PCR 产物由于在 Taq 酶的作用下，会在合成的 DNA 链的 3′ 端自动加一个 A 而形成黏性末端，为了 PCR 产物克隆的方便，人们将 pUC18 环形质粒载体构建成了 3′ 端含有一个突出 T 的线性化载体，即 T 载体。由于 T 载体上带有抗氨苄青霉素（*Amp*）和 *LacZ′* 双筛选标记基因，故重组子的筛选采用抗氨苄青霉素（*Amp*）抗性筛选与 α-互补现象筛选相结合的方法。因 T 载体带有 *Amp'* 基因，而外源基因和宿主菌都不带该基因，故转化受体菌后只有含有 T 载体的转化子才能在含有 *Amp* 的 LB 平板上存活下来，而只含有自身环化的外源片段的转化子则不能存活，此为初步的抗性筛选。

此外，T 载体或克隆型载体还有另一种筛选方式——蓝白斑筛选，也称为 α-互补现象筛选。其原理是大肠杆菌 β-半乳糖苷酶可以与无色的底物 X-Gal（5-溴-4-氯-3-吲哚-β-*D*-半乳糖苷）相互作用并且释放出蓝色的 5-溴-4-靛蓝。β-半乳糖苷酶的编码基因 *LacZ′* 基因总长 3 075bp，其有两个突变体：α-多肽和 ω-多肽。其中 α-多肽是由 *LacZ′* 片段编码的 N 端 146 个氨基酸肽段，而 ω-多肽是缺失了第 11-41 位氨基酸的肽段，其编码基因称为 *LacZΔM15*。当这 α-多肽和 ω-多肽单独存在时就失去了 β-半乳糖苷酶的显色功能，而当这两个肽段同时存在时又可以实现功能互补，回复 β-半乳糖苷酶的显色功能，因此也称为 α-互补。为了利用 α-互补现象筛选阳性转化子，人们将 *LacZ′* 基因片段构建到克隆载体的多克隆位点两端，将 *LacZΔM15* 基因片段构建到 F 质粒并转化 *E. coli* DH5α 或 TOP10 菌株，再将目标基因构建到克隆型载体，转化上述菌株。当外源基因插入克隆载体的多克隆位点上后会导致读码框改变，*LacZ′* 编码的 α 片段蛋白表达失活，产生的氨基酸片段失去 α-互补能力，因此在同样条件下含重组质粒的转化子在生色诱导培养基上只能形成白色菌落；在麦康凯培养基上，α-互补产生的 Lac+ 细菌由于含 β-半乳糖苷酶，能分解麦康凯培养基中的乳糖，产生乳酸，使 pH 值下降，因而产生红色菌落；而未插入外源基因的载体，会形成有功能的 α-肽段，从而实现 α-互补，恢复 β-半乳糖苷酶的功能，产生蓝色菌落。由此可将重组质粒与自身环化的载体 DNA 分开。

二、实验目的

通过本实验掌握重组载体构建的方法及原理，学习并掌握载体与 DNA 的连接方法、条件及步骤，掌握大肠杆菌感受态细胞的制备及转化技术等。

三、时间表（表2-1）

表2-1　时间表

实验内容	所需时间（h）
DNA 重组	0.5
细胞活化	8~12（提前一天活化）
感受态细胞制备	2
转化	1.5
总时间	4

四、实验仪器、材料及试剂

1. 实验仪器

（1）DNA 重组所需仪器：恒温水浴锅，微量移液器，eppendorf 管、低温涡旋仪等。

（2）大肠杆菌感受态细胞制备所需仪器：台式高速离心机、超净工作台、恒温摇床、制冰机等。

（3）重组载体转化大肠杆菌感受态细胞所需仪器：水浴锅、超净工作台、恒温摇床、恒温培养箱等。

2. 实验材料

上个实验回收的 PCR 产物 DNA 片段，大肠杆菌 DH Top10 菌株；灭菌的 2mL 离心管、枪头、移液枪。

3. 实验试剂

T 载体，T4 DNA 连接酶，连接 buffer，ddH₂O；固体 LB 培养基、液体 LB 培养基、0.1mol/L CaCl₂、50mmol/L 的 Apm 等抗生素。

试剂配制。

（1）配制 0.1mol/L CaCl₂：称取 11g CaCl₂，用 ddH₂O 溶解，定容至 100mL，灭菌保存备用。

（2）LB 培养基的配制：称取 10g 胰蛋白胨、5g 酵母提取物、10g NaCl，加适量蒸馏水溶解，再定容至 1L。若要配制固体 LB 培养基，则于 1L 液体 LB 培养基中加入 15g 琼脂粉，并高压灭菌，待冷却至 50℃左右，向其中加入氨苄青霉素（终浓度 30~50mg/L），然后倒皿即可。

（3）氨苄青霉素贮存液：50mg/mL（溶于无菌水中），保存于 -20℃。

（4）X-gal 储液（20mg/mL）：用二甲基甲酰胺溶解 X-gal 配制成 20mg/mL 的储液，包以铝箔或黑纸以防止受光照被破坏，储存于 -20℃。

（5）IPTG 储液（200mg/mL）：在 800μL 蒸馏水中溶解 200mg IPTG 后，用蒸馏水定容至 1mL，用 0.22μm 滤膜过滤除菌，分装于 eppendorf 管并储于 -20℃。

（6）含 X-gal、IPTG 筛选培养基：在事先制备好的含 50μg/mL Amp 的 LB 平板表面加 20μL X-gal 储液和 4μL IPTG 储液，用无菌玻棒将溶液涂匀，置于 37℃下放置 30min，暗培养至培养基表面的液体完全被吸收。

五、实验步骤

1. 感受态细胞的制备——CaCl$_2$ 法

（1）用接种针挑取宿主菌（DH5α）在 LB 琼脂平板上划线，37℃培养 8~12h。

（2）挑取单菌落接种到含 50mL LB 的 250mL 三角瓶中，37℃剧烈振荡（300r/min）培养，至 OD$_{600}$ 达 0.4~0.5。

（3）无菌条件下将培养物转移至冰预冷的 50mL 离心管中，冰浴 10min。

（4）4℃ 12 000r/min 离心 10min，弃上清，倒置离心管 1min，使液体流尽，收集细胞。

（5）用 5mL 冰预冷的 0.1mol/L CaCl$_2$ 轻柔地重悬细胞，冰浴 10min。

（6）同条件（4）、（5）离心，收集细胞，冰浴。

（7）用 2mL 冰预冷的 0.1mol/L CaCl$_2$ 轻柔地重悬细胞（每 50mL 初始培养物用 2mL 冰浴冷 CaCl$_2$ 重悬细胞）。

（8）将 CaCl$_2$ 菌悬液放置 4℃ 12~20h，然后加甘油至终浓度为 20%，充分使甘油与 CaCl$_2$ 菌悬液混匀。分装成每份 200μL，贮存于 -70℃。

2. DNA 重组

（1）取新的经灭菌处理的 0.5mL eppendorf 管，编号。

（2）将 0.3μL T 载体转移到无菌离心管中，加 2μL 回收后的 PCR 扩增产物，加入 10×T4 DNA 连接液 0.5μL，T4 DNA 连接酶 0.3μL，加蒸馏水至体积为 5μL（表2-2），混匀后用离心机将液体全部甩至管底，于16℃保温 4~8h，或者 4℃放置过夜，或者室温放置 3~5h。

表2-2　连接反应体系

组分	体积（μL）
T 载体	0.3
10×T4 DNA 连接液	0.5
PCR 回收产物（GFP 基因）	2
T4 DNA 连接酶	0.3
H_2O	1.9
总体积	5

同时，做两组对照反应，其中，对照组 1 只有质粒载体无外源 DNA，对照组 2 只有外源 DNA 片段，没有质粒载体。

3. 重组 DNA 转化感受态细胞

（1）取一管感受态细胞于冰上融解后，于无菌条件下加入一定量的连接产物或质粒（20ng/μL 的 DNA 加入 1μL 即可）。轻轻混匀后，冰浴 30min。同时设置两个对照：其中，一个在相同条件下加入 10ng 已知质粒作阳性对照，也可同时检测感受态细胞效价（每微克质粒 DNA 转化出的菌落数）；另一个加 1μL 无菌水作阴性对照。

（2）42℃水浴静置热激 90s。

（3）热激后迅速将管转移至冰浴中，冰上静置 2~5min。

（4）往管中加入 600μL LB 液体培养基，37℃摇床上 200r/min，温育 45min，使细菌复苏。

（5）按适当的体积梯度，将细菌液铺于含 Amp、X-gal+IPTG 的琼脂平板上。待液体完全浸入培养基后，倒置平板在 37℃培养 12~16h。

六、实验结果

本实验的结果要通过转化感受态细胞后进行验证分析。一般带有重组 DNA 的转化子在涂有 X-gal 和 ITPG 的培养基上为白色菌落；不含重组 DNA 的转化子在生色底物 X-gal 的存在下被 IPTG 诱导形成蓝色菌落。这个过程即蓝白斑筛选。通过蓝白斑筛选可以初步推断，白色菌落为阳性克隆，蓝色菌落为阴性克隆。

如果菌落较大，可直接选取几个平板中间的克隆，进行菌落 PCR 鉴定；如果菌落较小，可在单菌落周围用无菌接种环划成菌苔，进一步培养后，再进行菌落 PCR 鉴定。对经菌落 PCR 鉴定为阳性的克隆，进行活化培养，提取质粒，进行酶切鉴定，如果酶切鉴定结果正确，说明重组质粒构建成功。还可用杂交法筛选重组质粒。

计算转化率

感受态细胞效价计算以转化率表示，即每微克质粒 DNA 转化所得到的转化子数。

（1）统计每个培养皿中的菌落数。

（2）转化后在含抗生素的平板上长出的菌落即为转化子，根据此皿中的菌落数可计算出转化子总数和转化频率，公式如下：

转化子总数＝菌落数×稀释倍数×转化反应原液总体积/涂板菌液体积

转化频率＝转化子总数/质粒 DNA 加入量（mg）

感受态细胞总数＝对照组菌落数×稀释倍数×菌液总体积/涂板菌液体积

感受态细胞转化效率＝转化子总数/感受态细胞总数

七、注意事项

（1）在连接反应中，最重要的参数是温度。理论上连接反应的最佳温度是 37℃，因为此时连接酶的活性最高。但 37℃时黏性末端分子形成的配对结构极不稳定，因此，人们找到了一个最适温度：12~16℃，平齐末端则以 15~20℃为好。此时既可最大限度地发挥连接酶的活性，又有助于短暂配对结构的稳定。

（2）使用枪头吸取酶液过程中应准确，避免枪头外带有过多的酶。

（3）T4 DNA 连接酶在冰上长时间放置不稳定，最好在使用时取出，用后立即放回 -20℃冰箱。

（4）DNA 连接酶用量与 DNA 片段的性质有关，连接平齐末端必须加大酶量，一般使用连接黏性末端酶量的 10~100 倍。而在连接带有黏性末端的 DNA 片段时，DNA 浓度一般为 2~10mg/mL，在连接平齐末端时，需加入 DNA 浓度至 100~200mg/mL。

（5）在连接反应中，如不对载体分子进行去 5′磷酸基处理，使用过量的外源 DNA 片段（2~5 倍），这将有助于减少载体的自身环化，增加外源 DNA 和载体连接的机会。

（6）麦康凯选择性琼脂组成的平板，在含有适当抗生素时，携有载体 DNA 的转化子为淡红色菌落，而携插入片段的重组质粒转化子为白色菌落。该产品筛选效果同蓝白斑筛选，且价格低廉。但需及时挑取白色菌落，当培养时间延长，白色菌落会逐渐变成微红色，影响挑选。

（7）在蓝白斑筛选中所用的 X-gal 是 5-溴-4-氯-3-吲哚-β-D-半乳糖苷（5-bromo-4-chloro-3-indolyl-β-D-galactoside），β-半乳糖苷酶（β-galactosidase）可以水解无色的 X-gal 后生成的吲哚衍生物显蓝色。IPTG 是异丙基硫代半乳糖苷（Isopropylthiogalactoside），为非生理性的诱导物，它可以诱导 lacZ 的表达。因此，在含有 X-gal 和 IPTG 的筛选培养基上，携带载体 DNA 的转化子为蓝色菌落，而携带插入片段的重组质粒转化子为白色菌落，平板如在 37℃培养后放于冰箱 3~4h 可使显色反应充分，蓝色菌落明显。

八、思考题

（1）在用质粒载体进行外源 DNA 片段克隆时主要应考虑哪些因素？
（2）利用 α-互补现象筛选带有插入片段的重组克隆的原理是什么？

参考文献

J. 萨姆布鲁克，E. F. 弗里奇，T. 曼尼阿蒂斯，1998. 分子克隆试验指南 [M]. 北京：科学出版社.

郝福英，2010. 基础分子生物学实验 [M]. 北京：北京大学出版社.

李钧敏，2010. 分子生物学实验 [M]. 杭州：浙江大学出版社.

王关林，方宏筠，1998. 植物基因工程原理与技术 [M]. 北京：科学出版社.

吴乃虎，2000. 基因工程原理 [M]. 2 版. 北京：科学出版社.

张龙翔等，1981. 生物化学试验方法和技术 [M]. 北京：人民教育出版社.

Sambrook，J. et al.，1989. Moleculer Cloning：A Laboratory Manual [M]. Cold Spring Harbor Laboratory Press，174-184.

知识拓展

外源 DNA 片段和载体连接的方法

质粒具有稳定可靠和操作简便的优点。如果要克隆较小的 DNA 片段（<10kb）且结构简单，质粒要比其他任何载体都要好。因此，质粒是首选的载体。

（1）相同的黏性末端之间的连接：用相同的酶或同尾酶处理可得到这样的末端。由于质粒载体也必须用同一种酶消化，亦得到同样的两个相同黏性末端，因此，在连接反应中外源片段和质粒载体DNA均可能发生自身环化或几个分子串连形成寡聚物，而且正反两种连接方向都可能有。所以，必须仔细调整连接反应中两种DNA浓度，以便使正确的连接产物的数量达到最高水平。还可将载体DNA的5′磷酸基团用碱性磷酸酯酶去掉，最大限度地抑制质粒DNA的自身环化。带5′端磷酸的外源DNA片段可以有效地与去磷酸化的载体相连，产生一个带有两个缺口的开环分子，在转入 E.coli 受体菌后的扩增过程中缺口可自动修复。

（2）平末端之间的连接：是由产生平末端的限制酶或核酸外切酶消化产生，或由DNA聚合酶补平所致。由于平端的连接效率比黏性末端要低得多，故在其连接反应中，T4 DNA连接酶的浓度和外源DNA及载体DNA浓度均要高得多。通常还需加入低浓度的聚乙二醇（PEG 8000）以促进DNA分子凝聚成聚集体以提高转化效率。特殊情况下，外源DNA分子的末端与所用的载体末端无法相互匹配，则可以在线状质粒载体末端或外源DNA片段末端接上合适的接头（linker）或衔接头（adapter）使其匹配，也可以有控制地使用 E. coliDNA聚合酶 Ⅰ 的 klenow 大片段部分填平3′凹端，使不相匹配的末端转变为互补末端或转为平末端后再进行连接。

（3）非互补突出端片段的连接：用两种不同的限制性内切酶进行消化可以产生带有非互补的黏性末端，这也是最容易克隆的DNA片段。一般情况下，常用质粒载体均带有多个不同限制酶的识别序列组成的多克隆位点，因而几乎总能找到与外源DNA片段末端匹配的限制酶切位点的载体，从而将外源片段定向地克隆到载体上。也可在PCR扩增时，在DNA片段两端人为加上不同酶切位点以便与载体相连。

实验三

质粒的提取及酶切鉴定

一、概述

质粒（plasmid）是一种独立于染色体外的稳定遗传因子，大小从 1~200kb 不等，绝大多数为双链、闭环的环状 DNA 分子，并以超螺旋状态存在于宿主细胞中。质粒主要发现于细菌、放线菌和真菌细胞中，其具有自主复制和转录能力，能在子代细胞中保持恒定的拷贝数，并表达所携带的遗传信息。质粒的复制和转录要依赖于宿主细胞编码的某些酶和蛋白质，质粒如离开宿主细胞则不能存活，而宿主即使没有质粒也可以正常存活。质粒的存在使宿主具有一些额外的特性，如对抗生素的抗性等。常见的天然质粒有 F 质粒（又称 F 因子或性质粒）、R 质粒（抗药性因子）和 *Col* 质粒（产大肠杆菌素因子）等。

质粒在细胞内的复制一般有两种类型：严谨控制型（stringent control）和松弛控制型（relaxed control）。前者只在细胞周期的一定阶段进行复制，当染色体不复制时，其也不能复制，通常每个细胞内只含有一个或几个质粒分子，如 F 因子。后者在整个细胞周期中随时可以复制，在每个细胞中有许多拷贝，一般在 20 个以上，如 *Col* EI 质粒。在使用蛋白质合成抑制剂——氯霉素时，细胞内蛋白质合成、染色体 DNA 复制和细胞分裂均受到抑制，严谨控制型质粒复制停止，而松弛型质粒继续复制，使得质粒拷贝数由原来 20 多个扩增至 1 000 个以上，此时质粒 DNA 占总 DNA 的量可由原来的 2% 增加至 40%~50%，把这种现象称为质粒的氯霉素扩增。

把一个有用的目的 DNA 片段通过 DNA 重组技术，导入受体细胞中去进行扩增和表达的工具叫载体（vector）。载体的设计和应用是 DNA 体外重组的重要条件。作为基因工程的载体必须具备下列条件。

① 是一个复制子。载体有复制点才能使与它结合的外源基因复制繁殖。

② 具有可扩增性。只有高复制率才能使外源基因在受体细胞中大量扩增。

③ 载体 DNA 链上有一到几个限制性内切酶的单一识别与切割位点，以便于外源基因的插入。

④ 载体具有选择性遗传标记，如有抗四环素基因（*Tcr*）、抗新霉素基因（*Ner*）、抗卡那霉素基因（*Kan*）、抗氨苄青霉素基因（*Amp*）等，以此鉴定其是否已进入受体细胞，也可根据这个标记将受体细胞从其他细胞中分离出来。细菌质粒具备上述条件，所以，其是 DNA 重组技术中常用的载体之一。

质粒载体是在天然质粒的基础上为适应实验室操作人工构建的。与天然质粒相比，质粒载体通常带有一个或一个以上的选择性标记基因（如抗生素抗性基因）和一个人工合成的含有多个限制性内切酶识别位点的多克隆位点序列，并去掉了大部分非必需序列，使质粒分子量尽可能减小，以便于基因工程操作。大多数质粒载体带有一些多用途的辅助序列，这些用途包括通过组织化学方法肉眼鉴定重组克隆、产生用于序列测定的单链 DNA、体外转录外源 DNA 序列、鉴定片段的插入方向、外源基因的大量表达等。一个理想的克隆载体大致应有下列一些特性：①分子量小、多拷贝、松弛控制型；②具有多种常用的单一限制性内切酶位点；③能插入较大的外源 DNA 片段；④具有容易操作的检测表型。常用的质粒载体大小一般在 1~10kb，如 pBR322、pUC 系列、pGEM 系列和 T 载体等。

当用强热或酸、碱处理时，细菌的线性染色体 DNA 变性，而共价闭合环状 DNA（covalently closed circular DNA，简称 cccDNA）的两条链不会相互分开，当外界条件恢复正常时，线状染色体 DNA 片段难以复性，且与变性的蛋白质和细胞碎片缠绕在一起，而质粒 DNA 双链又恢复原状，重新形成天然的超螺旋分子，并溶解于水相中。在细菌细胞内，共价闭环质粒以超螺旋形式存在。在提取质粒过程中，除了超螺旋 DNA 外，还会产生其他形式的质粒 DNA。如果质粒 DNA 两条链中有一条链发生一处或多处断裂，分子就能旋转而消除链的张力，形成松弛型的环状分子，称开环 DNA（open circular DNA，简称 ocDNA）；如果质粒 DNA 的两条链在同一处断裂，则形成线状 DNA（linear DNA）。当提取的质粒 DNA 在电泳时，同一质粒 DNA 其超螺旋形式的泳动速度要比开环和线状分子的泳动速度快，因此，在本实验中，自制质粒在电泳凝胶中呈现 1~3 条带。超螺旋链迁移率最大，线状质粒次之，开环质粒迁移率最小。

质粒是否构建成功，可以通过 PCR 技术或酶切技术进行鉴定。

任何物种都具有排除异己保护自身的防御机制，细菌也不例外。细菌的防御系统即细菌的限制修饰系统是在噬菌体侵染细菌时发现的。人们发现当用 *E. coli* 菌株 K 释放的 λ_K 噬菌体感染 *E. coli* 菌株 B 时，其侵染率只有 10^{-4}；同样，当用 *E. coli* 菌株 B 释放的 λ_B 噬菌体感染 *E. coli* 菌株 K 时，其侵染率也是 10^{-4}；而当用 λ_K 或 λ_B 噬菌体感染 *E. coli* 菌株 C 时，其侵染率都为 100%。这些现象说明 K 菌株和 B 菌株中存在一种限制系统，可排除外来的 DNA。10^{-4} 的存活率是由于宿主修饰系统作用的结果，此时限制系统还未起作用。而 C 菌株不能限制来自 K

菌株和 B 菌株的 DNA，所以才发生 100% 侵染。限制作用实质上就是限制性内切酶对外源 DNA 的降解作用，是维护宿主遗传稳定的保护机制。相对于限制作用，修饰系统是通过对 DNA 中的腺嘌呤 A 的 N^6 和胞嘧啶的 C^5 位子进行甲基化修饰，从而达到避免被限制酶降解的作用。所以，限制性内切酶是该细菌细胞的"卫士"，它与 DNA 甲基化酶一起构成了自我保护、抵御外源入侵 DNA 的防御机制。如果入侵的噬菌体 DNA 没有完全被限制性内切酶切割破坏，残留的噬菌体 DNA 在复制时，由于 DNA 甲基化酶的存在，同样也在别的部位进行甲基化修饰，限制性内切酶对这种修饰之后的噬菌体 DNA 不能识别，以致大量繁殖起来，该受体细胞也因此遭到了灭顶之灾。

对于特定的 DNA 和酶来说，限制性酶切图谱具有特异性。到 2006 年，已从细菌或古细菌中发现限制性内切酶 3 770 种、甲基化酶 800 余种。到目前，商业化的达 640 多种。限制性内切酶归纳起来可分为三类：Ⅰ类、Ⅱ类和Ⅲ类。其中Ⅰ类酶占 1%，Ⅲ类酶所占的比例不到 1%，而且这两类酶在同一 DNA 分子中兼有切割和修饰（甲基化）作用，且依赖于 ATP 的存在，另外，这两类酶的识别位点和切割位点不一致，所以，用得比较少。Ⅱ类酶所占的比例达 93% 以上，其识别序列和切割位点基本相似；另一种为独立的甲基化酶，它修饰同一识别序列。Ⅱ类中的限制性内切酶在分子克隆中得到了广泛应用，它们是 DNA 重组的基础。绝大多数Ⅱ类限制酶识别长度为 4~6 个回文对称的特异核苷酸序列（如 *Eco*R Ⅰ 识别 6 个核苷酸序列：5′-G↓AATTC-3′），有少数酶识别更长的序列或简并序列。Ⅱ类酶切割位点在识别序列中，有的在对称轴处切割，产生平末端的 DNA 片段（如 *Sma* Ⅰ：5′-CCC↓GGG-3′）；有的切割位点在对称轴一侧，产生带有单链突出末端的 DNA 片段，称黏性末端，如 *Eco*R Ⅰ 切割识别序列后产生两个互补的黏性末端：

$$5'-G\downarrow AATTC.3' \qquad \rightarrow 5'-G \qquad AATTC-3'$$
$$3'-CTTAA\uparrow G.5' \qquad \rightarrow 3'-CTTAA \qquad G-5'$$

G、A 等核苷酸表示酶的识别位点，箭头表示酶的切口。限制性内切酶对环状质粒 DNA 有多少切口，就能产生多少个酶解片段，因此，鉴定酶切后的片段在电泳凝胶中的区带数，就可以推断酶切口的数目，从片段的迁移率可以大致判断酶切片段的大小。用已知分子质量的线状 DNA 为对照，可以粗略地测出分子形状相同的未知 DNA 的相对分子质量。

质粒的构建需要酶，限制性内切酶是重要的工具酶之一。将质粒和外源基因用限制性内切酶酶切，在经过退火和 DNA 连接酶封闭切口，便可获得携带外源基因的重组质粒。重组质粒可以转移到另一个生物细胞中去（细胞的转化或转染），进而复制、转录和表达外源基因产物，这样通过基因工程可以获得所需要的各种蛋白质产物。

限制性内切酶除了在基因工程中用于 DNA 的重组以外，还经常用于 DNA 分子水平上的多态性检测，即 RFLP 技术（restriction fragment length polymorphism，限制性片段长度多态性）。RFLP 已被广泛用于基因组遗传图谱构建、基因定位以及生物进化和分类的研究。RFLP 是根据不同品种（个体）基因组的限制性内切酶的酶切位点碱基发生突变，或酶切位点之间发生了碱基的插入、缺失，导致酶切片段的大小发生了变化，从而可比较不同品种（个体）的 DNA 水平的差异（即多态性）。总之，限制性内切酶在分子生物学的发展过程中起着不可替代的作用。

二、实验目的

掌握碱裂解法提取质粒 DNA 的原理及大肠杆菌中提取质粒 DNA 的方法及操作过程，掌握限制性核酸内切酶切割 DNA 反应体系的建立及注意事项。掌握限制性酶切概念、酶切原理及方法、适宜的酶切反应条件和体系，同时进一步熟练掌握琼脂糖凝胶电泳及凝胶成像系统的操作过程。

三、时间表（表3-1）

表 3-1　质粒 DNA 的提取时间

实验内容	时间（h）
菌液培养	8~12
试剂配制	2
质粒提取	3
质粒检测	1
酶切	12
琼脂糖凝胶电泳检测	1.5
DNA 的回收	0.5
总时间	8（实际操作时间）

四、实验仪器、材料及试剂

1. 实验仪器

恒温摇床，低温高速离心机，移液器，恒温水浴锅，涡旋振荡器，电泳仪，制冰机，凝胶成像系统等。

2. 实验材料

含质粒的 *E. coli* DH5α 或 JM 系列菌株，2mL 塑料离心管（又称 eppendorf 管），离心管架，枪头等。

3. 实验试剂

（1）溶液Ⅰ：50mmol/L 葡萄糖，25mmol/L Tris·Cl（pH8.0），10mmol/L EDTA（pH8.0）。溶液Ⅰ可成批配制，每瓶 100mL，高压灭菌 15min，储存于 4℃冰箱。

（2）溶液Ⅱ：0.4mol/L NaOH（现用配制），2%SDS，分装。

（3）溶液Ⅲ：5mol/L KAc 60mL，冰醋酸 11.5mL，ddH$_2$O 28.5mL，定容至 100mL。溶液终浓度为：[K$^+$] 3mol/L，[Ac$^-$] 5mol/L。备注：用 NaOH 调节 pH 至 4.5。

（4）3mol/L 乙酸钠（NaAc）（pH5.2）：50mL ddH$_2$O 中溶解 40.81g NaAc·3H$_2$O，用冰醋酸调 pH 至 5.2，加水定容至 100mL，储存于 4℃冰箱。

（5）溶菌酶溶液：用 10mmol/L Tris·Cl（pH8.0）溶液配制成 10mg/mL，保存于-20℃。

（6）RNA 酶 A 母液：将 RNA 酶 A 溶于终浓度为 10mmol/L Tris·Cl（pH7.5）、15mmol/L NaCl 的溶液中，配制成 10mg/mL 的溶液，于 100℃加热 15min，使混入的 DNA 酶失活。冷却后用 1.5mL eppendorf 管分装成小份保存于-20℃。

（7）饱和酚：市售酚中含有醌等氧化物，这些产物可引起磷酸二酯键的断裂及导致 RNA 和 DNA 的交联，应在 160℃用冷凝管进行重蒸。重蒸酚加入 0.1%的 8-羟基喹啉（作为抗氧化剂），并用等体积的 0.5mol/L Tris·Cl（pH8.0）和 0.1mol/L Tris·Cl（pH8.0）缓冲液反复抽提使之饱和并使其 pH 值达到 7.6 以上，因为酸性条件下 DNA 会分配于有机相中。

（8）氯仿：异戊醇，按氯仿：异戊醇=24：1 的体积比加入异戊醇。氯仿可使蛋白变性并有助于液相与有机相的分开，异戊醇则可消除抽提过程中出现的泡沫。按体积比=1：1 混合上述饱和酚与氯仿即得酚/氯仿（1：1）。酚和氯仿均有很强的腐蚀性，操作时应戴手套。

（9）TE 缓冲液：10mmo/L Tris·Cl（pH8.0），1mmol/L EDTA（pH8.0）。高压灭菌后储存于 4℃冰箱中。

（10）电泳所用试剂。①TBE 缓冲液（5×）：称取 Tris 54g，硼酸 27.5g，并

加入 0.5mol/L EDTA（pH8.0）20mL，定容至 1 000mL。②上样缓冲液（6×）：0.25%溴酚蓝，40%（w/v）蔗糖水溶液。

（11）限制性内切酶，酶切 buffer，ddH₂O，上样缓冲液溴酚蓝，溴化乙锭贮存液，电泳缓冲液 TAE。

五、实验步骤

1. 碱裂解法小量提取质粒

（1）细菌的培养和收集：将含有质粒的 DH5α 菌种接种在 LB 固体培养基（含 50μg/mL Amp）中，37℃振荡（200r/min）培养 10~12h。

（2）菌体的收集：将上述培养好的菌液分装于 2mL 离心管中，12 000r/min 离心 5min。

（3）弃上清，将离心管倒置于吸水纸上数分钟，尽量使液体流尽。

（4）将菌体沉淀重悬浮于 100μL 溶液 I 中（需剧烈振荡），室温下放置 5~10min。

（5）加入新配制的溶液 II 200μL，盖紧管口，快速温和颠倒 eppendorf 管数次，以混匀内容物（千万不要剧烈振荡），冰浴 5~10min，这时溶液会变得黏稠。

（6）加入 150μL 预冷的溶液 III，盖紧管口，温和振荡 10s，会出现白色絮状沉淀，冰浴 5~10min，4℃下 12 000r/min 离心 10min。

（7）将上清液移入干净 eppendorf 管中，加入等体积的酚/氯仿（1∶1），温和振荡混匀，4℃下 1 2000r/min 离心 10min。

（8）吸取上清，加入等体积的氯仿，温和振荡混匀，4℃下 12 000r/min 离心 10min。

（9）将上清移入干净 eppendorf 管中，加入 2 倍体积的无水乙醇，振荡混匀后置于−20℃冰箱中 20min，然后 4℃下 12 000r/min 离心 10min。

（10）弃上清，将管口敞开倒置于卫生纸上使所有液体流出，加入 1mL 75%乙醇清洗沉淀 3~5 次，4℃下 12 000r/min 离心 10min。

（11）去除上清液，将离心管倒置于卫生纸上使液体流尽，真空干燥 10min 或室温干燥。

（12）于沉淀中加入 20~50μL TE 或 ddH₂O，加入 3~5μL 10mg/mL 的 RNA 酶 A，于 37℃水浴锅中消化 30min，储于−20℃冰箱中保存备用。

2. 碱裂解法大量提取质粒

（1）取培养至对数生长后期的含质粒的细菌培养液 250mL 装于离心瓶中，4℃下 5 000r/min 离心 15min，弃上清，将离心管倒置使上清液全部流尽。

（2）将细菌沉淀重新悬浮于 50mL 用冰预冷的 STE 中（此步可省略）。

（3）同步骤 1 方法离心以收集细菌细胞。

（4）将细菌沉淀物重新悬浮于 5mL 溶液 I 中（溶液 I 中加入 RNA 酶 A 至终浓度 20μg/mL），充分悬浮菌体细胞。

（5）加入 10mL 新配制的溶液 II，盖紧瓶盖，缓缓地颠倒离心管数次，以充分混匀内容物，冰浴 10min。

（6）加 5mL 用冰预冷的溶液 III，摇动离心管数次以混匀内容物，冰上放置 15min，此时应形成白色絮状沉淀，4℃下 5 000r/min 离心 15min。

（7）加入等体积的饱和酚/氯仿，振荡混匀，4℃下 5 000r/min 离心 10min。

（8）取上清，加入等体积氯仿，振荡混匀，4℃下 5 000r/min 离心 10min，重复一次。

（9）取上清，加入 1/5 体积的 4mol/L NaCl 和 10% PEG（分子量 6000），冰上放置 60min。

（10）4℃下 5 000r/min 离心 15min，沉淀用 5mL 70%冰冷乙醇洗涤 3~5 次，4℃下 5 000r/min 离心 5min。

（11）真空抽干沉淀，溶于 0.5~1mL TE 或 ddH$_2$O 中，分装储于-20℃保存备用。

3. 质粒的酶切鉴定

（1）在 0.5mL 的 Eppendorf 管中加入所需酶切的质粒 DNA，依次加入酶切 buffer，适量的酶（1U/1μg DNA）。根据反应总体积补加水，混匀。

（2）将管内液体离心几秒钟，全部甩至管底。

（3）根据酶的活性温度在适当温度水浴锅中消化 10~12h。

（4）加入 EDTA 至终浓度为 15mmol/L 或在 65℃温热 10~15min 使反应终止，建议反应体系如下（50μL）（表 3-2）。

表 3-2 酶切反应体系

反应组分	体积（μL）
质粒 DNA（T-GFP）	5（2~5μg）
酶切 10×buffer	5

（续表）

反应组分	体积（μL）
*Bam*H I	1
Sal I	1
ddH$_2$O	38
总体积	50

将上述反应体系混匀，瞬时离心甩至管底，置于37℃的恒温水浴锅中反应过夜。

4. 限制性酶切片段的电泳检测

参照实验一中的方法制备琼脂糖凝胶，在60~80V电压下电泳，用凝胶成像系统检测酶切结果。

5. 目的片段的回收

如经过分析酶切结果正确，参照实验二中DNA的回收方法进行回收。

六、结果与分析

对分离好的质粒用琼脂糖凝胶电泳进行分离，如果泳道中出现1~3条带，就说明此次实验是成功的。还可以通过带的亮度初步推断质粒的多少，一般情况下，电泳条带越亮说明质粒的量越多。另外，如果在点样孔内有发亮的物质，可以判断为蛋白质没有去除干净，可以用氯仿多抽提几次。如果在远离点样孔端有亮带，说明RNA没有消化干净，可以加适量的RNA酶在37℃消化30min，只有得到高质量的没有蛋白质和RNA干扰的DNA后，才能确保下一步实验的顺利进行。

除此之外，还可以用紫外分光光度法测定质粒的浓度与质量。一般选用260nm及280nm处光吸收值来评价质粒的质量与浓度。质粒的浓度=50×OD$_{260}$×稀释倍数 μg/mL，OD$_{260}$/OD$_{280}$=1.8~2.0时，表明质粒纯度很高，<1.8说明有蛋白质污染，>2.0说明RNA有污染。

本实验对重组质粒T-GFP用*Bam*H I和*Sal* I进行双酶切（酶切结果见图3-1），通过对这两种酶的最适盐离子浓度分析，选用共同缓冲液T buffer，由于这两种酶在相对高盐浓度时活性较强，所以也可用1.5倍的缓冲液，这样有利于提高酶切效率。一般对酶切结果进行分析时，首先要了解质粒大小和酶切片段的大小，通过和 Marker 比对，估计酶切结果中各片段的大小，所有片段大小之和应该和重组质粒的大小相符，而且酶切的片段应该要有一定的亮度，这才能说明酶切反应是成功的。当酶切片段很小时，可以在电泳检测过程中，在酶切产物附近的点样孔中点上相应的质粒作为参照，这样会使得实验结果更加直观。

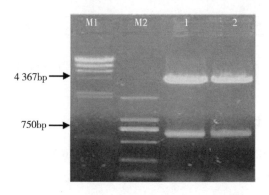

M₁：λ-Hind Ⅲ digest Marker；M₂：DL2000 DNA Marker，

泳道 1-2：psk-*atpA*-*gfp* 的酶切结果（*Nco* Ⅰ/*Pst* Ⅰ）

图 3-1　双酶切鉴定质粒 psk-*atpA*-*gfp*

七、注意事项

（1）溶菌酶溶液分装（如 1.5mL）保存于-20℃，每一小份一经使用后便丢弃。

（2）碱裂解法提取质粒 DNA 注意事项：①提取过程应尽量保持低温；②提取质粒 DNA 过程中除去蛋白很重要，采用酚/氯仿去除蛋白效果较单独用酚或氯仿好，要将蛋白尽量去除干净，需多次抽提；③沉淀 DNA 通常使用冰乙醇，在低温条件下放置时间稍长可使 DNA 沉淀完全。沉淀 DNA 也可用异丙醇（一般使用等体积），且沉淀完全，速度快，但常把盐沉淀下来，所以多数还是用乙醇。

（3）用碱裂解法大量提取质粒 DNA 应注意：①提取过程中应尽量保持低温；②加入溶液Ⅱ和溶液Ⅲ后操作应温和，切忌剧烈振荡；③由于 RNA 酶 A 中常存在 DNA 酶，利用 RNA 酶耐热的特性，使用时应先对该酶液进行热处理（80℃，1h），使 DNA 酶失活。

（4）DNA 纯度、缓冲液、温度条件及限制性内切酶本身的特性都会影响酶切效果。大部分限制性内切酶不受 RNA 或单链 DNA 的影响。当微量的污染物进入限制性内切酶贮存液中时，会影响其进一步使用，因此，在吸取限制性内切酶时，每次都要用新的枪头。如果采用两种限制性内切酶，必须要注意分别提供各自的最适盐浓度。若两者可用同一缓冲液，则可同时酶切。若需要不同的盐浓度，则低盐浓度的限制性内切酶必须首先反应，随后调节盐浓度，再用高盐浓度的限制性内切酶酶解。也可在第一个酶切反应完成后，用等体积酚/氯仿抽提，加 0.1 倍体积 3mol/L 乙酸钠（NaAc）和 2 倍体积无水乙醇，混匀后置−70℃低温冰箱 30min，离心、干燥并重新溶于缓冲液后进行第二个酶切反应。

（5）在酶切图谱制作过程中，为了获得条带清晰的电泳图谱，一般 DNA 用量为 0.5~1μg。限制性内切酶的酶解反应最适条件各不相同，各种酶有其相应的酶切缓冲液和最适反应温度（大多数为 37℃）。对质粒 DNA 酶切反应而言，限制性内切酶用量可按标准体系 1μg DNA 加 1U 的酶，消化 1~2h。但要完全酶解则必须增加酶的用量，一般增加 2~3 倍，甚至更多，反应时间也要适当延长，但是酶的用量不得超过总反应体系的 10%。这是因为酶制剂中加入一定量的甘油以防止酶结冰。在酶切反应中如果酶的含量过高，相应的甘油含量也会增加，甘油含量的增加会影响酶切效果，所以酶的用量不是越多越好。

八、思考题

（1）质粒的基本性质有哪些？
（2）质粒载体与天然质粒相比有哪些改进？
（3）在碱裂解法提取质粒 DNA 的操作过程中应注意哪些问题？
（4）影响酶切效率的因素主要有哪些？

参考文献

郝福英，2010. 基础分子生物学实验［M］. 北京：北京大学出版社.

J. 萨姆布鲁克，E. F. 弗里奇，T. 曼尼阿蒂斯，1998. 分子克隆试验指南［M］. 北京：科学出版社.

李钧敏，2010. 分子生物学实验［M］. 杭州：浙江大学出版社.

王关林，方宏筠，1998. 植物基因工程原理与技术［M］. 北京：科学出版社.

吴乃虎，2000. 基因工程原理［M］. 2 版. 北京：科学出版社.

张龙翔等，1981. 生物化学试验方法和技术［M］. 北京：高等教育出版社.

知识拓展

核酸分子迁移率与琼脂糖浓度的关系

（1）DNA 的分子大小：DNA 分子通过琼脂糖凝胶的速度（电泳迁移率）与其相对分子质量的常用对数成反比关系。

（2）琼脂糖浓度：一定大小的 DNA 片段在不同浓度的琼脂糖凝胶中，电泳迁移率不同。DNA 的电泳迁移率（M）的对数和凝胶浓度（T）之间的线性关系可按下述方程式表示：

$$\lg M = \lg M_0 - K_r T$$

其中，M_0 时自由电泳迁移率，K_r 是滞留系数，这是与凝胶性质、迁移分子大小和形状有关的常数。因此，要有效地分离不同大小的 DNA 片段，选用适当的琼脂糖浓度是非常重要的（参看表 3-3）。

表 3-3　琼脂糖凝胶浓度与分辨 DNA 大小范围的关系

琼脂糖凝胶浓度（%）	0.3	0.6	0.7	0.9	1.2	1.5	2
可分辨的线性 DNA 大小范围（kb）	5~60	1~21	0.8~10	0.5~7	0.4~6	0.2~4	0.1~3

（3）琼脂糖浓度与电压的关系：有人研究了琼脂糖凝胶电泳分离大分子 DNA 的条件，发现以低浓度、低电压分离效果较好。胶的浓度越低，适用于分离的 DNA 越大，这是一个总的规律。不过浓度太低，制胶有困难，电泳结束后将胶取出来也有困难。在低电压条件下，线性 DNA 分子的电泳迁移率与所用电压成正比。当电压增高时，电泳分辨率会下降。因为电压升高了，样品的流动速度增快，大分子在高速流动时，分子伸展开了，摩擦力也增加，相对分子质量与迁移速度就不一定呈线性关系。

实验四

原核表达载体的构建及原核表达蛋白的 SDS-PAGE 分析

一、概述

在一个合适的表达系统中，使某个克隆化的基因高效表达，从而产生有重要价值的蛋白质产品，是基因工程的一项重要任务。一般将表达系统分为两大类：原核表达系统和真核表达系统。本实验重点介绍原核表达系统。真核基因在原核细胞中表达，就是让克隆的真核基因在原核细胞中以发酵的方式快速、高效地合成基因产物的过程。原核表达载体构建的流程见图 4-1。

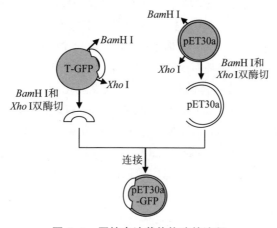

图 4-1 原核表达载体构建的流程

外源基因的原核表达系统由 3 部分组成：外源基因、表达载体和宿主菌。外源基因一般是实验中克隆的目的基因。表达载体常用的有含有 *Lac Z* 或 *trp E* 部分基因的融合表达载体。含有 *Lac Z* 基因的融合表达载体常用的有 pUC 系列和 pET 系列的载体。无论是哪一类原核表达载体，都应该具有启动子、SD 序列、终止子、多克隆位点、筛选标记基因等。外源基因的转录必须有一个能被宿主

RNA 聚合酶识别的启动子；而 mRNA 的有效转译则必须有核糖体结合位点即 SD 序列；外源基因要克隆到载体上需要有多种限制性核酸内切酶识别序列组成的克隆位点，并且这些酶切位点在该载体上是唯一的。另外，为了提高外源基因的表达效率，一般会在启动子和多克隆位点的下游安装合适的终止子，以防止外源基因在转录过程中发生通读。含有外源基因的载体是否转入宿主细胞，需要有筛选标记基因，一般都用含抗生素的基因作为标记基因。

在原核细胞中表达真核基因时，一般是先让宿主菌生长到一定浓度后，再加入适量的诱导物，诱导外源基因的表达。如含有 Lac 操纵子的表达载体，Lac I 产生的阻遏蛋白与 Lac 操纵基因结合，从而不能进行外源基因的表达，此时宿主菌正常生长。当宿主菌生长到一定浓度后，向培养基中加入 Lac 操纵子的诱导物 IPTG（异丙基硫代-β-D-半乳糖），就会使阻遏蛋白不能与操纵基因结合，则外源基因 DNA 大量转录并高效表达。表达蛋白可经过 SDS-PAGE 或通过 Western-blotting 检测。本实验以 pET-30a 为原核表达载体来表达外源基因。

pET 系列的表达载体含有 T7 噬菌体启动子，这是由 Tabor 与 Richardson 于 1985 年、Studier 与 Moffatt 于 1986 年利用 T7 噬菌体 RNA 聚合酶-启动子系统提出的表达系统。该系统可以使克隆化的基因独自得到表达。T7 噬菌体只能识别 T7 噬菌体启动子，可以转录某些不能被大肠杆菌 RNA 聚合酶转录的序列，而且该系统可以高水平地表达一些在其他表达系统不能有效表达的基因。因此，对 T7 噬菌体表达系统来说，T7 噬菌体 RNA 聚合酶和 T7 噬菌体启动子是必需的两个组分。前者是 T7 噬菌体基因 1 的产物，既可以由感染性 λ 噬菌体载所提供，也可由已插入大肠杆菌染色体的基因产生。当克隆化的基因表达产物有毒时，在细胞生长过程中，T7 噬菌体 RNA 聚合酶的产量必需维持在较低水平，因此，就要使用溶源菌 BL21（DE3）。在本实验中宿主菌就是溶源菌 BL21（DE3）。另外，该载体是 pBR322 的衍生质粒，含有 Lac I 阻遏蛋白编码基因（图 4-2），在诱导外源基因的表达时可以加入 IPTG 来提高表达水平。

二、实验目的

本实验将真核基因克隆到原核表达载体的合适位点上，并且将构建好的原核表达载体转化到合适的宿主菌中，通过诱导使真核基因在宿主中高效表达，并且对产物进行鉴定和分离，从而得到大量的真核基因产物。通过本实验，要求学生了解原核表达载体的构建及原核表达，掌握 SDS-PAGE 检测蛋白质的方法。

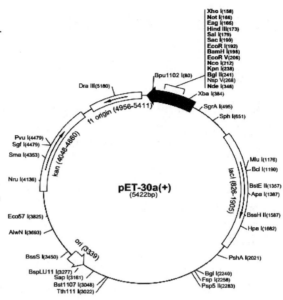

图 4-2　pET-30a 载体

注：pET-30a（+）质粒图谱：T7 启动子：419-435，T7 转录起始位点：418，组氨酸标签
编码序列：327-344，S 标签编码序列：249-293，多克隆位点（*Nco I-Xho I*）：158-217，组氨
酸标签编码序列：140-157，T7 终止子：26-72，*LacI* 编码序：826-1905，pBR322 复制起始
区：3339，抗卡那霉素（*Kan*）：4048-4860，F1 起始区：4956-5411。

三、时间表（表4-1）

表 4-1　原核表达载体的构建及原核表达蛋白的 SDS–PAGE 分析

实验内容	所需时间	实验内容	所需时间
目的基因 GFP 的 PCR 扩增	4h	重组子转化 DH5α 感受态细胞	12h
pET-30a 载体质粒的酶切	12h	重组质粒的提取、酶切鉴定	18h
酶切片段的回收	30min	重组质粒转化 DE3 感受态细胞	12h
目的片段 GFP 和载体片段 pET-30a 的连接	12h	真核基因的诱导表达	12~20h
大肠杆菌 DE3、DH5α 感受态细胞的制备	14h	蛋白的 SDS–PAGE 检测	16h

四、主要仪器、材料和试剂

1. 主要仪器

高速低温离心机，恒温水浴锅，恒温摇床，PCR 仪，移液器，电泳仪，制冰机等。

2 材料

大肠杆菌 DE3、DH5α 菌株，pET-30a 质粒，T-GFP 质粒，限制性内切酶 *Bam*H I 和 *Sal* I，T buffer 等。

3 试剂

（1）30%储备胶溶液：丙烯酰胺（Acr）29.0g，亚甲双丙烯酰胺（Bis）1.0g，混匀后加 ddH$_2$O，定容至 100mL，棕色瓶存于 4℃冰箱。

（2）1.5mol/L Tris·Cl（pH8.0）：Tris 18.17g 加 ddH$_2$O 溶解，浓盐酸调 pH 至 8.0，定容至 100mL。

（3）1mol/L Tris·Cl（pH6.8）：Tris 12.11g 加 ddH$_2$O 溶解，浓盐酸调 pH 值至 6.8，定容至 100mL。

（4）10%SDS：电泳级 SDS 10.0g 加 ddH$_2$O 68℃助溶，用盐酸调 pH 值至 7.2，定容至 100mL。

（5）10×电泳缓冲液（pH8.3）：Tris 3.02g，甘氨酸 18.8g，10%SDS 10mL 加 ddH$_2$O 溶解，定容至 100mL。

（6）10%过硫酸铵（AP）：1g 过硫酸铵加 ddH$_2$O 至 10mL。

（7）2×SDS 电泳上样缓冲液：1mol/L Tris·Cl（pH6.8）2.5mL，β-巯基乙醇 1.0mL，SDS 0.6g，甘油 2.0mL，0.1%溴酚蓝 1.0mL，ddH$_2$O 3.5mL。

（8）考马斯亮蓝染色液：考马斯亮蓝 0.25g，甲醇 225mL，冰醋酸 46mL，ddH$_2$O 225mL。

（9）脱色液：甲醇、冰醋酸、ddH$_2$O 以 3：1：6 配制而成。

五、操作步骤

1. 外源目的基因表达载体的构建

（1）目的基因 GFP 的 PCR 扩增（参照实验一的方法与步骤）。

（2）pET-30a 的酶切与回收（参照实验三的酶切方法与步骤）。

（3）目的基因 GFP 和载体片段 pET-30a 的连接（参照实验三中 DNA 的重组技术）。

（4）*E. coli* DE3、DH5α 感受态细胞的制备（参照实验二中感受态的制备方法）。

（5）重组子转化 DH5α 感受态细胞（参照实验二中的转化方法）。

（6）重组质粒的提取、酶切鉴定（参照实验三中质粒的提取、实验三中酶切方法与步骤）。

（7）重组质粒转化 DE3 感受态细胞并进行菌落 PCR 鉴定，设置一个对照，即以 pET-30a 空载体质粒转化 DE3 感受态细胞（参照实验二中的转化方法）。

2. 外源真核基因蛋白的诱导表达及蛋白质提取

（1）分别挑取步骤中（7）经 PCR 鉴定为阳性的克隆和对照中的菌落，分别接种于含有 kan（终浓度 50μg/mL）的液体 LB 培养基中，于 37℃、250r/min 培养过夜。

（2）按 1/100 ~ 1/50 的比例分别吸取上述培养液于含有 kan（终浓度 50μg/mL）的 100mL 液体 LB 培养基中，于 37℃、250r/min 培养 3 ~ 4h，使其 OD_{600} 值达到 0.6 ~ 0.8。

（3）加入 IPTG（终浓度为 0.5mmol），37℃、250r/min 培养，进行外源基因的诱导表达。其间按不同的时间分别收集菌体，探索蛋白质最佳表达时间。

（4）于 4℃、4 000r/min 离心 20min，收集菌体，弃上清，加入 5mL 的 10mmol/L 的 Tris·Cl（pH8.8）于沉淀内，反复冻融几次，再离心，弃上清。

（5）于沉淀中加入 2mL 的 10mmol/L 的 Tris·Cl 缓冲液（pH8.0），再加 2mL 1% 的 Triton X-100，加溶菌酶至终浓度为 100μg/mL，于 30℃ 保温 30min。

（6）用超声波处理上述溶液后，12 000r/min 离心 5min，分别取上清和沉淀 15μL（沉淀要稀释），分别加入 15μL 1×SDS-PAGE 上样缓冲液，混匀。沉淀的样品在沸水中煮沸 10 ~ 15min，同时将蛋白 Marker 在 95℃ 热处理 5min。

3. 外源基因原核表达蛋白的 SDS-PAGE 检测

（1）按照说明书洗净垂直板电泳槽的玻璃板，晾干，安装垂直式电泳槽。

（2）聚丙烯酰胺凝胶的配制：首先配制适量的 30% 储备胶，1mol/L Tris·Cl，10%SDS，10% 过硫酸铵备用。

1）分离胶（10%）的配制（表 4-2）：

表4-2　10%分离胶的配制

组分	体积（mL）
ddH$_2$O	4.0
30%储备胶	3.3
1.5mol/L Tris·Cl	2.5
10% SDS	0.1
10% AP	0.1
总体积	10

取1mL上述混合液，加TEMED（N,N,N′,N′-四甲基乙二胺）4μL封底，在剩余的分离胶中加入4μL的TEMED，混匀后灌入玻璃板间，避免产生气泡。以异丁醇或ddH$_2$O封顶。注意使液面保持水平，待凝胶完全聚合（需30~60min）后配制积层胶。

2）积层胶（4%）的配制（表4-3）：

表4-3　4%积层胶的配制

组分	体积（mL）
ddH$_2$O	1.4
30%储备胶	0.33
1.0mol/L Tris·Cl	0.25
10% SDS	0.02
10% AP	0.02
TEMED	0.002
总体积	2

将分离胶上的异丁醇或ddH$_2$O倒去，ddH$_2$O冲洗后，加入上述混合液，立即将梳子插入玻璃板间，完全聚合15~30min。

（3）样品处理：将样品加入等量的2×SDS上样缓冲液，100℃加热3~5min，离心12 000r/min用1min，取上清作SDS-PAGE分析，同时将蛋白质标准品作平行处理。

（4）上样：取20μL诱导与未诱导的处理后的样品加入点样孔中，并加入20μL蛋白质标准品作对照。

（5）电泳：在电泳槽中加入1×电泳缓冲液，连接电源，负极在上，正极在下，电泳时，积层胶电压40V，分离胶电压80V，电泳至溴酚蓝行至电泳槽下端停止（需2~3h）。

（6）染色：将胶从玻璃板中取出，放入装有考马斯亮蓝染色液的方盘中，在室温条件下以 50～80r/min 的速度在平板摇床上震荡染色 8～12h。

（7）脱色：将胶从染色液中取出，放入脱色液中，小心地用清水冲洗 2～3 次，再放入装有脱色液的方盘中，在室温条件下以 50～80r/min 的速度在平板摇床上震荡染色 10～12h，期间换新鲜的脱色液 3～5 次，至蛋白带清晰。

（8）凝胶成像和保存：用凝胶成像系统照相并保存图片，凝胶可保存于双蒸水中或 7% 乙酸溶液中。

六、结果分析

本实验采用的 pET-30a（+）表达载体是一种具有 Lac 操纵子、可以被 IPTG 诱导的原核表达载体，具有诱导型启动子、卡那霉素筛选标记和有效的转录终止子。本实验的目的基因与原核基因融合表达，以载体的起始密码子起始，以目的基因 GFP 的终止密码子终止，故表达的 GFP 蛋白的大小包括目的基因 714bp 和载体上从启动子到目的基因起始位点之间的 150bp，序列共 854bp，共约 34kD；pET30a-GFP 的 BL21 转化菌和 pET30a 的 BL21 转化菌经 IPTG 诱导，诱导物经 SDS-PAGE，结果见图 4-3，可见与对照（PET30a 的 BL21 转化菌）相比，诱导的 pET30a-GFP 在 35kD 处有一条明显的带，与理论值相符，而对照在此处没有条带，证明 GFP 基因在 BL21 中得到了正确表达。

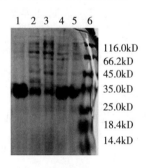

1-5 为 GFP 原核表达结果，6 为蛋白 Marker。

图 4-3　pET30a-GFP 原核表达结果

真核基因的原核表达只要对受体细菌细胞没有毒害，一般都能获得正常表达，其应用主要是获得表达蛋白，然后用原核表达蛋白免疫动物获得抗体。此外，还可以利用大肠杆菌来表达贵重蛋白，如胰岛素的基因工程生产。在原核表达过程中，IPTG 加入的时间和加入量决定着蛋白质表达得多少。一般在菌液活化到 OD_{600} 的值在 0.6～0.8 时，可以按不同的时间梯度加入 IPTG，来探索最适的诱导时间。

在 IPTG 加入后，一般细菌的繁殖基本停止，而转录和表达增强，如果发现菌体继续增加，可检测 IPTG 是否失活。

七、问题与讨论

请分析真核基因在原核细胞中高效表达的关键因素有哪些？

八、注意事项

（1）实验组与对照组所加总蛋白含量要相等。

（2）为达到较好的凝胶聚合效果，缓冲液的 pH 值要准确，10%过硫酸铵在一周内使用较好。室温较低时，TEMED 的量可加倍。

（3）未聚合的丙烯酰胺和亚甲双丙烯酰胺具有神经毒性，可通过皮肤和呼吸道吸收，应注意防护。

参考文献

郝福英等，1998. 分子生物学实验技术［M］. 北京：北京大学出版社.

J. 萨姆布鲁克，E. F. 弗里奇，T. 曼尼阿蒂斯，1998. 分子克隆试验指南［M］. 北京：科学出版社.

王关林，方宏筠，1998. 植物基因工程原理与技术［M］. 北京：科学出版社.

吴乃虎，2000. 基因工程原理［M］. 2 版. 北京：科学出版社.

张龙翔等，1981. 生物化学试验方法和技术［M］. 北京：高等教育出版社.

实验五

植物表达载体的构建及转化

一、概述

植物基因转化就是将外源基因整合到植物染色体基因组中使其稳定遗传并表达的过程。将外源基因导入植物体内的方法很多，目前常用的方法主要有土壤农杆菌介导法、花序浸染法、基因枪法、花粉管通道法等。其中，土壤农杆菌介导法主要转化的是双子叶植物、少数单子叶植物和某些裸子植物。通过农杆菌介导转化植物叶盘、下胚轴或植物花序是最常用也是最为简单的方法，但是，这种转化方法和基因枪法都要通过植株再生。花粉管通道法主要用于棉花等植物的基因转化。本实验主要介绍土壤农杆菌介导法和花序浸染法。

土壤农杆菌（*Agrobacterium tumefaciens*）是一种革兰阴性菌，能够感染植物的受伤部位，使之产生冠瘿瘤。由于冠瘿瘤在生长过程中能够合成多种植物激素，因此，它可以不添加任何外源激素的情况下产生瘤状物。此外，冠瘿瘤合成正常植物体内所没有的冠瘿碱（opine）。冠瘿碱主要包括章鱼碱（octopine）和胭脂碱（nopanine），此外还有农瘿碱（agropine）、农杆碱（agrocinopine）等。这些生物碱为农杆菌的生长提供碳源和氮源。由于冠瘿碱的合成是农杆菌中带有正常植物组织所不具备的基因所致，因此，人们猜测土壤农杆菌能将其基因整合到植物染色体上。研究表明，土壤农杆菌内存在 Ti 质粒，Ti 质粒大小为 150~200kb，目前研究较为清楚的是章鱼碱型和胭脂碱型质粒。Ti 质粒上最重要的两个区为 T-DNA 区和毒性区。T-DNA 区是 Ti 质粒上唯一能够整合进植物染色体上的序列，而毒性区上的一系列基因则帮助 T-DNA 区切割、穿过农杆菌细胞壁、植物细胞壁进入植物细胞并整合到植物的染色体上。野生 Ti 质粒的 T-DNA 区大小约为 20kb，两端各有一段长约 25bp 的末端重复序列，分别为右端（RB）序列和左端（LB）序列，实验证明，右端序列对 T-DNA 区整合到植物染色体上至关重要。左右边界之间主要包括编码生长素和细胞分裂素合成相关的基因，此外还有冠瘿碱合成酶基因等。由于 T-DNA 区有生长素合成相关的基因，当这些基因随着 T-DNA 区一起整合到植物染色体上时，常常破坏植物体内正常的激素平衡，并且使被感染植株产生瘤状物，因此，人们将农杆菌称为天然的基因转化系统。通常对 T-DNA 区的这些致癌基因实行改造，改造后的 Ti 质粒称为非致癌性质粒。只有非致癌性质粒才能够被应用到转基因植物系统中。

植物基因转化过程主要包括两步：植物表达载体的构建及用农杆菌介导法转化植物外植体。植物表达载体的构建和原核表达载体的构建相类似，主要应注意以下几项。

（1）菌株和载体的选择。在植物表达载体的构建中，在外源基因的上游和下游分别连接合适的启动子（如 CaMV-35S）和终止子，然后将外源基因插入非致癌性 Ti 质粒的 T-DNA 区，使 T-DNA 区末端重复序列保持完整，这样外源基因就会随着 T-DNA 区一起整合到植物染色体上。但由于 Ti 质粒约为200kb，将外源基因直接插入 Ti 质粒 T-DNA 区上的操作难度较大。因此，有必要采用较易操作的中间载体，在大肠杆菌中将外源基因克隆到中间载体上，将连有外源基因的中间载体转移到土壤农杆菌中，再通过中间载体与非致癌性 Ti 质粒相互作用，从而将外源基因整合到植物基因组中。采用这种方法的载体系统有两类：共整合载体系统（cointegrate vector system）和双元载体系统（binary vector system）。

共整合载体系统中 Ti 质粒上的 T-DNA 区编码致癌基因的序列被 pBR322 质粒 DNA 所取代，但保留两个末端的重复序列。带有外源基因的 pBR322 衍生中间载体由大肠杆菌进入土壤农杆菌中，二者相同的 pBR322 序列发生同源重组，外源基因就可以整合到非致癌性 Ti 质粒的 T-DNA 上。

双元载体避免了共整合的载体系统的同源重组步骤。它由两个彼此分离的质粒——穿梭质粒和 Ti 衍生质粒组成。穿梭质粒具有以下特点：①在它的 T-DNA 区含有克隆位点和植物选择标记基因；②T-DNA 区以外含有细菌选择标记基因；③可以从大肠杆菌中迁移到土壤农杆菌中。Ti 衍生质粒，如 pGV2260，可以提供反式毒性功能区，以帮助 T-DNA 整合到植物染色体上。双元载体系统可以将大于 40kb 的 DNA 转移到植物体内。

无论是共整合载体系统还是双元载体系统，都需要把中间载体质粒由大肠杆菌转移到土壤农杆菌中去。完成这个过程有两种方法。一种是三亲交配法，以pMON220 系统为例简单说明。三亲交配法需要一个含有 pMON220 中间质粒的大肠杆菌，一个含有迁移质粒 pRK2013 的大肠杆菌和一个含非致癌性 Ti 质粒pTiB6S3SE 的土壤农杆菌。首先，将 pRK2013 质粒迁移到含有 pMON220 质粒的大肠杆菌体内，编码 PK2 转移蛋白和一种可以结合 pMON220 质粒的移动蛋白，帮助 pMON220 质粒进入土壤农杆菌。通过 LIH 序列同源重组整合到 pTiB6S3SE质粒上。另一种是利用 RbCl$_2$（CaCl$_2$）制备感受态细胞，改变土壤农杆菌细胞膜通透性，并用冻融法将中间载体转化到土壤农杆菌中。这也是实际操作中最常用的一种方法。

土壤农杆菌转化植物的方法有多种，目前应用最广泛的技术主要是叶盘法（leaf disc method）和花序浸染法，其原理是以植物叶片或花器官作为具有遗传一致性的受体细胞，通过组织培养产生完整植株，或通过侵染的花序产生种子来筛选转基因植株。每种转化方法将在下文的实验步骤中详述。

（2）选择标记和报告基因。所有载体必须具有一个或多个遗传标记，以便能够选择或筛选转化的植物细胞。已经鉴定了系列用于植物细胞的显性选择遗传标记（表5-1），这使得人们能够选择出植物或组织转化的最合适的标记。其中应用最普遍的是由植物调节信号控制的、嵌合新霉素磷酸转移酶Ⅱ（nptⅡ）基因所编码的卡那霉素抗性。调节元件经常来自病毒的基因或T-DNA基因的调控元件，例如，花椰菜花叶病毒的35S转录物或胭脂碱合成酶（nos）基因的调控元件。普遍使用的选择标记基因最初经常来源于细菌，所编码的酶能使所用的化学药物失去毒性，这些化学药物是抗生素或除草剂。值得注意的例外是编码鼠二氢叶酸还原酶的基因、植物5-烯醇丙酮酸莽草酸-3-磷酸（EPSP）合成酶基因和植物乙酰乳酸合成酶基因，它们通过在植物细胞中过量表达或者突变后阻止化学抑制剂的结合表现出对选择剂的抗性。

表5-1　用于获得鉴定转化植物细胞的选择和报告基因系统

基因	选择标记基因[b]		报告基因[a]	
	来源[b]	选择剂[c]	基因	来源[b]
新霉素磷酸转移酶Ⅰ	Tn601	卡那霉素	β-葡糖醛酸酶	大肠杆菌 uid A
新霉素磷酸转移酶Ⅱ	Tn5	卡那霉素	β-半乳糖苷酶	大肠杆菌 lac Z
潮霉素磷酸转移酶	大肠杆菌	潮霉素	荧光素酶	萤火虫
庆大霉素乙酰转移酶	pLG62	庆大霉素	荧光素酶	$V. harveyi$ lux A. B
链霉素磷酸转移酶	Tn5	链霉素	氯霉素乙酰转移酶	Tn9
氨基糖苷-3-腺嘌呤转移酶	大肠杆菌 aad A	壮观霉素	新霉素磷酸转移酶Ⅱ	Tn5
博来霉素抗性因子	Tn5	博来霉素		
二氢叶酸还原酶	鼠	氨甲喋呤		
草丁膦乙酰转移酶	$S. hygroscopicus$	草丁膦		
乙酰乳酸合成酶	植物	磺酰脲		
Bromoxynil 腈水解酶	$K. ozaenae bxn$	Bromoxynil		
EPSP 合成酶	矮牵牛	Glyphosale		
二氢蝶酸合成酶	pR46	磺胺		

注：a. 表中所列的选择标记基因和报告基因并不完全；b. 许多情况下基因的来源不同；c. 选择标记基因经常对不止一种选择的药物具有特性。

第二类标记用来筛选（而不是选择）转化的植物细胞，见表 5-1，其有利于定性观察某个基因在特定植物细胞、组织或器官中表达的空间模式。这样的基因也叫报告基因，因为它们能够与植物基因（或植物基因调控序列）融合以研究基因的表达。

编码 β-葡糖醛酸酶（GUS）的基因现在已被广泛地应用于分析基因的调控元件如启动子及其表达模式，可以通过组织化学分析进行检测，既可在单细胞水平上揭示空间表达模式，也可以反映其在整个植株中的表达部位及强弱。通过发展非毒性检测活细胞的方法将扩大 GUS 的潜在应用。到目前为止，只有 *Vibrio harveyi lux* 基因系统具有这种特点（表 5-1）。GUS 报告系统的其他用途例子包括研究基因的相互作用，由此而产生控制表达的反义机理以及鉴定与 T-DNA 整合的染色体位点有关的表达模式。

二、实验目的

本实验利用土壤农杆菌转化系统，将外源基因通过中间载体导入土壤农杆菌中，再通过叶盘法和花序浸染法将外源基因整合到植物染色体上，并使其在植物中稳定遗传。本实验的目的是掌握基因转化的基本概念及原理，掌握土壤农杆菌转化法的操作步骤。

三、时间表（表 5-2）

表 5-2　植物基因转化所需时间

实验步骤	所需时间
植物表达载体的酶切与载体片段回收	10~12h
目的基因片段与载体片段的连接	12h
土壤农杆菌感受态细胞的制备	3d
叶盘法转化烟草	2d

四、主要仪器、材料和试剂

1. 主要仪器

光照培养箱、液氮罐、恒温摇床、离心机、超净工作台、接种环、镊子、剪刀、电泳仪等。

2. 材料

植物表达载体 pBin438 质粒，农杆菌菌株 LBA4404，在 MS 培养基上生长 30d 左右的烟草无菌苗，或花期的拟南芥等。

3. 试剂

（1）0.05mol/L CaCl$_2$。

（2）100mg/mL 卡那霉素（Kanamycin，Kan），无菌滤膜过滤灭菌，于 −20℃保存，使用时终浓度为 100μg/mL。

（3）300mg/mL 链霉素（Streptomycin，Str），无菌滤膜过滤灭菌，于 −20℃保存，使用时终浓度为 300μg/mL。

（4）50mg/mL 羧苄青霉素（carbenicillin，Cb），无菌滤膜过滤灭菌，于 −20℃保存，使用时终浓度为 50μg/mL。

（5）LB 培养基。

（6）MS 培养基。

（7）6-BA 母液：1mg/mL，用 1mol/L HCl 溶解，用水定容，4℃保存。

（8）NAA 母液：1mg/mL，95%乙醇溶解，用水定容，4℃保存。

（9）2,4-D 母液：用少量 0.1mol/L NaOH 溶解后加水稀释，用水定容，4℃保存。

五、操作步骤

1. 植物表达载体的构建（图 5-1）

即用 *Bam*H I 和 *Sal* I 内切酶将植物表达载体 pBin438 表达框中的 β-glu 基因切除，将 GFP 基因连在该处，就构建成植物表达载体 pBin-GFP 的重组质粒。

2. 农杆菌感受态细胞的制备及转化

（1）农杆菌感受态细胞的制备：参照实验二中大肠杆菌的制备方法，只是 CaCl$_2$ 的浓度是 0.05mol/L。

（2）热激转化法：将 1~2μL 重组质粒加入农杆菌感受态细胞，混匀，于冰上静置 15~30min，再在 37℃热激 2min，然后再加一定量的液体 LB，培养基于 28℃培养 45~60min，然后以 3000r/min 离心 30s，收集细胞和少量的液体，均匀

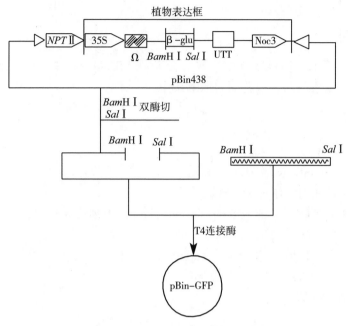

图 5-1　植物表达载体构建流程

涂布于含有卡那霉素和链霉素的固体 LB 培养基上，于 28℃ 培养 24~48h，直至长出菌落。

（3）电转化法：用无菌的 ddH$_2$O 代替上述的 CaCl$_2$ 制备农杆菌感受态，将 1~2μL 重组质粒加入 50μL 感受态细胞中，混匀，在冰上静置 15~30min，将混合液移入已灭过菌的电转化杯中，在冰上静置 2~5min，用电转化仪在 2 500V 电压下脉冲 0.3s，再将混合液用无菌的 SOC 培养基冲洗并转移至离心管中，于 28℃ 培养 45~60min，然后以 3 000r/min 离心 30s，收集细胞和少量的液体，均匀涂布于含有 Kan 和 Str 的固体 LB 培养基上，于 28℃ 培养 24~48h，直至长出菌落。

（4）挑选中间较大的菌落进行菌落 PCR 鉴定，对鉴定为阳性重组子的克隆进行活化培养，保存备用。

3. 浸染法转化棉花下胚轴

（1）从培养瓶中取出发芽 1 周左右的棉花无菌苗，置于一无菌平皿上，用无菌刀片将棉花下胚轴剪成 0.8~1cm 的小段。

（2）把少量（10mL）农杆菌培养物倒进 90mm 无菌平皿中，适当稀释，当农杆菌菌液浓度较低时也可以直接用未稀释的培养物来浸染叶盘。

（3）将剪好的棉花下胚轴放入上述菌液中，迅速震荡，保证整个切面完全与菌液接触，但时间一般在 2～5min。

（4）将浸染过的外植体转到无菌滤纸上，轻轻吸去多余的菌液，要保证吸去难以接触部位的液体。再均匀地接种，在不含抗生素和激素的 MS 平板上共培养 2～3d。

（5）将未污染的棉花下胚轴移接到 MS 诱导培养基上，此培养基中含有 500μg/mL 的羧苄霉素（Cb，以抑制农杆菌生长）及 100μg/mL 的卡那霉素（以筛选转化苗）。

（6）每 3～4 周继代 1 次，诱导愈伤组织、芽和根的形成，使植株再生。

（7）一旦出现根系，可以慢慢打开瓶盖，进行练苗。

（8）练苗 1～2 周以后，将植株从培养瓶中轻轻移出，彻底洗去在根部附着的琼脂（流水冲洗或水盆中清洗）。

（9）将植株移到花盆或营养钵中后，要充分浇水，必要时可浇稀释的 MS 培养基母液。

（10）用一塑料袋罩在花盆或营养钵上保湿，使植株适应比较低的湿度条件，5～7d 后移去塑料袋。

4. 花序浸染法转化拟南芥

（1）植物表达载体的构建及农杆菌的转化方法同上，将活化好的农杆菌以 8 000r/min 离心 5min，去上清，再用 5% 的蔗糖溶液约 100mL 悬浮，再加入 10μL 的 100mmol/L（用 DMSO 溶解）的 AS（乙酰丁香酮），混匀。

（2）将拟南芥的花序浸入到菌液中 2min，用吸水纸吸去多余的菌液，用黑色塑料袋罩住拟南芥植株，避光共培养 1～2d，再去掉塑料袋，在培养室正常培养。如果转化时花不多，可以隔 1 周转化 1 次，转化 2～3 次，转基因的种子就可以满足实验需要。

（3）转化后的植株培养至收获种子后，将种子用 75% 乙醇灭菌后接种于含抗生素的 1/2 MS 培养基上进行阳性筛选，选择阳性植株培养并收获种子，进行纯系筛选，获得纯系种子后再进行后分析。此处不再详细解说。

六、结果分析

对能在筛选培养基上生长发育的转基因植株，可以初步推断为转基因植株，可通过 PCR 技术、Southern blotting 等方法进行检测。根据目的基因序列，在基因的两头附近合成两个合适的引物，用该引物即可特异性地扩增两引物之间的片段，通过琼脂糖凝胶电泳检测该片段的有无及片段大小，即可说明该基因是否已整合到植物基因组中。

对经过 PCR 检测为阳性的转化植株，可进一步用 Southern blotting 进行检测，如果经 Southern blotting 检测时有杂交信号，说明该目的基因已经整合进受体植株基因组中。反之，则是非转基因植株。

七、思考题

导致转基因沉默的因素主要有哪些？

参考文献

郝福英等，1998. 分子生物学实验技术 ［M］. 北京：北京大学出版社.

J. 萨姆布鲁克，E. F. 弗里奇，T. 曼尼阿蒂斯，1998. 分子克隆试验指南 ［M］. 北京：科学出版社.

王关林，方宏筠，1998. 植物基因工程原理与技术 ［M］. 北京：科学出版社.

吴乃虎，2000. 基因工程原理 ［M］. 2 版. 北京：科学出版社.

张龙翔等，1981. 生物化学试验方法和技术 ［M］. 北京：高等教育出版社.

真核生物基因组 DNA 的提取

一、概述

基因组 DNA 的提取通常用于构建基因组文库、Southern 杂交（包括 RFLP）及利用 PCR 技术克隆基因等。利用基因组 DNA 较长的特性，可以将其与细胞器或质粒等小分子 DNA 分开。加入一定量的异丙醇或乙醇，基因组的大分子 DNA 即沉淀形成纤维状絮团悬浮其中，可用玻棒将其挑出，而小分子 DNA 则只能形成颗粒状沉淀通过离心附于离心管管壁及底部，从而达到提取的目的。在提取过程中，染色体会发生机械断裂，产生大小不同的片段。因此，分离基因组 DNA 时应尽量在温和的条件下操作，如尽量减少酚/氯仿抽提、混匀过程要轻缓，以保证得到较长的 DNA。一般来说，构建基因组文库，初始 DNA 长度必须在 100kb 以上，否则酶切后两边都带合适末端的有效片段很少。而进行 RFLP 和 PCR 分析时，DNA 长度可短至 50kb，在该长度以上，可保证酶切后产生 RFLP 片段（20kb 以下），并可保证包含 PCR 所扩增的片段（一般 2kb 以下）。

不同生物（植物、动物、微生物）的基因组 DNA 的提取方法有所不同，不同种类或同一种类的不同组织因其细胞结构及所含的成分不同，分离方法也有差异。在提取某种特殊组织的 DNA 时必须参照文献和经验建立相应的提取方法，以获得可用的 DNA 大分子。尤其是组织中的多糖、酚类和酶类等物质对随后的酶切、PCR 反应等具有较强的抑制作用，因此，用富含这类次生代谢产物的材料提取基因组 DNA 时，应尽量除去多糖和酚类物质。

利用液氮或提取缓冲液对植物组织如叶片进行研磨，从而达到破坏组织、分离细胞进而分离基因组 DNA 的目的。由于提取缓冲液中含有 SDS（十六烷基磺酸钠）或 CTAB（十六烷基三乙基溴化胺），这些物质都是去污剂，不仅具有溶解细胞膜的作用，还能与核酸结合形成复合物。这种复合物在高盐溶液中（如 0.7mol/L 的 NaCl）是可溶的，当降低盐浓度到一定程度时（0.3mol/L 的 NaCl），会从溶液中沉淀出来，通过离心就可以将 CTAB 与核酸的复合物同蛋白质、多糖类物质分开，从而达到分离核酸的目的。提取缓冲液中的 EDTA 是一种阳离子螯合剂，具有抑制 DNA 酶活性的作用；酚/氯仿可以使蛋白质变性并在有机相和水相之间形成一层薄膜，从而除去蛋白质；得到的 DNA 溶液再经异丙醇或乙醇沉淀，然后再溶于去离子水或 TE 缓冲液，用 RNA 酶消化 RNA 后，就可得到 DNA 溶液。

二、实验目的

本实验以拟南芥、花花柴（荒漠植物）、动物肝脏为材料，分别介绍不同植物、动物基因组 DNA 提取的一般方法。通过实验让学生掌握植物、动物基因组 DNA 的提取方法。

三、时间表（表6-1）

表6-1　真核生物总 DNA 提取所需时间

实验步骤	所需时间（h）
配制溶液	1
提取植物 DNA	6
DNA 的电泳检查	1~2
DNA 浓度测定	1~2

四、主要仪器、材料和试剂

1. 主要仪器

移液器、高速离心机、水浴锅、陶瓷研钵、2mL 离心管、枪头、弯成钩状的小玻棒。

2. 材料

拟南芥、花花柴的幼嫩叶片、鼠肝。

3. 试剂

（1）CTAB 法提取拟南芥叶片的基因组 DNA 所需的试剂。

① 提取缓冲液 I：100mmol/L Tris·Cl（pH8.0），20mmol/L EDTA，

500mmol/L NaCl, 1.5% SDS。

② 提取缓冲液Ⅱ：18.6g 葡萄糖，6.9g 二乙基二硫代碳酸钠，6.0g PVP，240μL β-巯基乙醇，加水至 300mL。

③ 氯仿：异戊醇=24：1（体积比）：500mL 氯仿中加入 21mL 异戊醇。

④ 1mol/L NaCl：NaCl 58.44g，加 ddH$_2$O 溶解，定容 1L，分装后灭菌。

⑤ TE 缓冲液：1mL 1mol/L Tris·Cl（pH8.0），0.2mL 0.5mol/L EDTA（pH8.0），加 ddH$_2$O 至 50mL，分装后灭菌。

（2）改进的 CTAB 法提取荒漠植物花花柴等的基因组 DNA 所需的试剂

① 提取缓冲液（pH7.5）：6.939g 葡萄糖（0.35mol/L），0.1mol/L Tris·Cl（pH8.0），1.86g EDTA-Na$_2$（5mmol/L），20g PVP（聚乙烯吡咯烷酮，2%），1g DIECA（2-乙基-2-硫代氨基甲酸，0.1%），以上试剂分别溶于 ddH$_2$O 后混合，混匀后定容至 100mL，调 pH 值至 7.5，使用前加入 β-巯基乙醇至体积比 0.2%。

② 裂解缓冲液（pH8.0）：0.1mol/L Tris·Cl（pH8.0），8.182g NaCl（1.4mol/L），0.745g EDTA-Na$_2$（0.02mol/L），20g CTAB（2%），20g PVP（2%），1g DIECA（0.1%），以上试剂分别溶于 ddH$_2$O 后混合，混匀后定容至 100mL，调 pH 值至 8.0，加入 β-巯基乙醇至 0.2%（最好在使用前加）。

③ 氯仿：异戊醇=24：1（体积比）：500mL 氯仿中加入 21mL 异戊醇。

④ 3mol/L NaOAc（pH5.2）：称取 NaOAc 24.6g 溶于 ddH$_2$O，定容至 100mL。

⑤ 异丙醇，75%乙醇，无水乙醇。

⑥ TE 缓冲液：同上。

（3）动物基因组 DNA 提取所需的试剂

① 组织匀浆液 100mmol/L NaCl，10mmol/L Tris·Cl（pH8.0），25mmol/L EDTA（pH8.0）。

② 酶解液 200mmol/L NaCl，20mmol/L Tris·Cl（pH8.0），50mmol/L EDTA（pH8.0），20mg/mL 蛋白酶 K，1%SDS。

③ 蛋白酶 K 10mg/mL，配好后用一次性过滤器过滤灭菌，-20℃ 保存。

④ 酚：氯仿：异戊醇（25：24：1）。

⑤ 3mol/L NaOAc（pH5.2），同上。

⑥ 无水乙醇及 70%乙醇，TE。

五、操作步骤

1. CTAB 法提取拟南芥等低酚类植物基因组 DNA

（1）取 0.1~0.2g 植物幼嫩叶片，于液氮中研成粉末，或加入 0.5mL 提取缓冲液 I 研磨成匀浆，将粉末或匀浆转移至 2mL 离心管中，加入 800μL 65℃ 预热的提取缓冲液 I（加提取缓冲液 I 研磨的样品补加该溶液至 800μL），于 65℃ 水浴保温 30min，不时摇动。

（2）加入等体积的氯仿/异戊醇溶液，轻轻颠倒混匀（需带手套，防止损伤皮肤），室温下静置 20~30min，12 000r/min 离心 10min。

（3）将上清转入另一离心管中，加入 1/10 体积的提取缓冲液 II（65℃ 预热），加入等体积氯仿/异戊醇溶液，轻轻颠倒混匀 20min，室温下静置 5 ~ 10min，12 000r/min 离心 10min。

（4）将上清转入另一离心管中，加入提取缓冲液 III，轻轻颠倒混匀，室温下静置 30~60min，至絮状沉淀生成。如无明显的沉淀生成，可延长放置时间，沉淀量会增加。

（5）用玻棒勾出沉淀（如不能勾出，可通过离心获得沉淀），于室温风干（不宜过干，否则很难溶解），加入适量的 ddH$_2$O，加入 1/10 体积的 1mol/L NaCl、2~5μL 10μg/μL RNA 酶，于 37℃ 消化 30min。

（6）于上述溶液中加入等体积的氯仿/异戊醇溶液，轻轻颠倒混匀 10~20min，12 000r/min 离心 10min；重复 2 次。

（7）取上清，加入 1mL 预冷的无水乙醇，于 -20℃ 沉淀 DNA 1 ~ 2h，12 000r/min 离心 10min。

（8）去上清，用 75% 的乙醇洗涤沉淀 3 ~ 5 次（洗脱盐分和杂质），12 000r/min 离心 10min，将沉淀风干，溶于适量的 TE 或 ddH$_2$O 中，储于 -20℃ 备用。

2. 改进的 CTAB 法提取花花柴等荒漠植物基因组 DNA

（1）取 0.1~0.2g 新鲜植物叶片，于液氮中研成粉末，或加入 0.5mL 提取缓冲液研磨成匀浆，将粉末或匀浆转移至 2mL 离心管中，加入 1.5mL 提取缓冲液（加提取缓冲液研磨的样品补加该溶液至 1.5mL 即可），剧烈震荡，4℃ 12 000r/min 离心 10min。

（2）去上清，加入 800μL 65℃ 预热的裂解缓冲液，用牙签搅动沉淀使其完全悬浮于裂解缓冲液中，65℃水浴 30min，期间不断轻轻摇动。

（3）于上述溶液中加入等体积的氯仿/异戊醇溶液，轻轻颠倒混匀（需带手套，防止损伤皮肤）至有机相变为深绿色或黑色，室温下静置 10～20min，12 000r/min 离心 10min。

（4）将上清转入另一离心管中，加入等体积的氯仿/异戊醇溶液，轻轻颠倒混匀，直至溶液混匀为一相。

（5）将上清转入另一离心管中，加入 2/3 体积预冷（-20℃）的异丙醇，轻轻颠倒混匀，这时会产生絮状沉淀。如无明显的沉淀生成，可在低温（-20℃）延长放置时间，沉淀量会增加。

（6）用玻棒勾出沉淀（如不能勾出，可通过离心获得沉淀），用 75% 的乙醇洗涤沉淀 2～3 次（洗脱盐分和杂质），直至乙醇清澈。

（7）将上述沉淀于室温风干（不宜过干，否则很难溶解），加入 1mL ddH₂O，加入 10μg/μL RNA 酶 3～5μL，于 37℃消化 30min。

（8）于上述溶液中加入等体积的氯仿/异戊醇溶液，轻轻颠倒混匀 10～20min，12 000r/min 离心 10min；重复 2 次。

（9）取上清，加入 1/10 体积预冷的 3mol/L NaOAc，2 倍体积预冷的无水乙醇，轻轻颠倒混匀，可见白色絮状沉淀，如不是絮状沉淀，可在 12 000r/min 离心 10min。

（10）去上清，用 75% 的乙醇洗涤沉淀 3～5 次，12 000r/min 离心 10min，将沉淀风干，溶于适量的 TE 或 ddH₂O 中，储于-20℃备用。

3. 动物基因组 DNA 提取步骤

（1）取 0.2g 鼠肝，用冰冷的生理盐水洗 3 次，然后置于 2.0mL 匀浆仪中，加 1mL 组织匀浆液，用玻璃匀浆器匀浆至无明显组织块存在（冰浴操作，切勿将细胞破碎，可镜检观察）。

（2）将组织细胞移至 1.5mL 离心管中，4℃ 12 000r/min 离心 30～60s，弃上清，若沉淀中血细胞较多，可再加入 1mL 的组织匀浆液清洗一次，离心去上清。

（3）于沉淀中加 0.8mL 酶解液，翻转混匀（动作一定要轻）55℃水浴 1～2h，12 000r/min 离心 10min。

（4）取上清至另一个新离心管，加 RNA 酶至终浓度 200μg/mL，37℃水浴 0.5h。

（5）加入等体积酚/氯仿/异戊醇抽提一次，慢慢旋转混匀，倾斜使两相接触面增大。4℃ 12 000r/min 离心 10min。

（6）如果 DNA 含量过高，水相在下层，实验时应注意观察。用扩口吸头移出含 DNA 的水相（注意勿吸出界面中蛋白沉淀），加等体积氯仿/异戊醇，4℃ 12 000r/min 离心 10min。

（7）取上层水相至干净离心管，加 2 倍体积乙醚抽提（在通风情况下操作）。4℃ 12 000r/min 离心 10min，移去上层乙醚，保留下层水相。

（8）于水相中加入 1/10 体积 3mol/L NaAc 及 2 倍体积无水乙醇，轻轻颠倒混匀，于室温静置 10~20min，DNA 沉淀形成白色絮状物。

（9）用玻棒勾出 DNA 沉淀，如沉淀是颗粒状，可通过离心获得 DNA 沉淀，再用 70% 乙醇漂洗 3~5 次后，风干，溶解于 0.1mL TE 中，-20℃ 保存。

六、结果分析

对所提取的总 DNA 用 0.8% 的琼脂糖凝胶电泳进行检测，如果在点样孔附近有明显的条带，说明有 DNA，其亮度可以粗略代表提取的量；如果在远离点样孔的位置有明显的条带，说明 RNA 没有消化干净，如果要进行 PCR 或酶切，还需要进一步消化 RNA。如果点样孔内发亮，或者泳道内有弥散的条带，说明蛋白质或多糖去除不彻底，可以用酚/氯仿纯化。还可以用紫外分光光度计测其浓度及纯度，一般取 2μL DNA 原液，加入 98μL 的 ddH$_2$O 稀释，再测定稀释液在 260nm 和 280nm 处的吸光值，其中 260nm 处的吸光值用来计算 DNA 含量，260nm 和 280nm 处的吸光值来评价 DNA 的纯度。当 OD$_{260}$ 的值为 1 时，相当于 50μg/mL 的双链核酸，或 33μg/mL 的单链核酸。

浓度计算公式为：

$$ds\ DNA\ (μg/mL) = 50×OD_{260}×稀释倍数$$

当 OD$_{260}$/OD$_{280}$ 在 1.8 左右时说明 DNA 纯度较好，低于此值说明有蛋白质污染，高于 2 时说明有 RNA 污染，可以再通过纯化步骤来提高 DNA 的纯度。

在植物 DNA 的提取过程中，影响提取浓度和质量的因素很多，主要有以下几方面需要注意。

（1）所用的植物材料。在选择材料时，一般选用较幼嫩的叶片，并除去叶脉。过老或过嫩的叶片中 DNA 的含量都较低，而且过老的叶片中因酚类或多糖的含量增加而影响 DNA 的提取。

（2）所用的提取方法。根据不同的植物选用不同的提取方法，常用的提取方法主要有 SDS 法和 CTAB 法，但是对不同的植物材料还要根据需要对传统方法进行改造，如很多实验室根据自己的经验，总结出了自己的"家传秘方"，在特定植物的 DNA 提取中是非常有效的。

　　在动物基因组 DNA 提取过程中，由于动物细胞没有细胞壁，因此，细胞破碎比较容易，但易出现诸如基因组 DNA 断裂、蛋白和色素去除不干净、基因组 DNA 难溶等现象。由于基因组 DNA 比较难溶、容易被降解，电泳时经常会出现弥散的或不均一的条带。实验过程中一定要注意机械力对大分子 DNA 的破坏作用，如避免振荡、使用扩口枪头（将枪头前端剪去）等。另外，要适当地延长溶解时间，否则，溶解不好的 DNA 电泳结果比较混乱。

七、思考题

在 DNA 的提取过程中，如何检测和保证 DNA 的质量？

参考文献

郝福英等，1998. 分子生物学实验技术［M］. 北京：北京大学出版社.

J. 萨姆布鲁克，E. F. 弗里奇，T. 曼尼阿蒂斯，1998. 分子克隆试验指南［M］. 北京：科学出版社.

王关林，方宏筠，1998. 植物基因工程原理与技术［M］. 北京：科学出版社.

吴乃虎，2000. 基因工程原理［M］. 2 版 . 北京：科学出版社.

张龙翔等，1981. 生物化学试验方法和技术［M］. 北京：高等教育出版社.

实验七

荒漠植物总 RNA 的提取及分析

一、概述

植物细胞内的 RNA 主要是 rRNA（占 80%～85%）、tRNA 及小分子 RNA（占 10%～15%）和 mRNA（占 1%～5%）。rRNA 含量最丰富，mRNA 种类繁多，其携带了 DNA 的全部编码信息，分子量从数百至数千碱基不等，绝大多数 mRNA 在 3′ 端都带有一个 polyA 的尾巴，因此，可根据此特性用寡聚脱氧胸苷（oligo dT）层析柱从总 RNA 中将 mRNA 分离出来。纯化的 mRNA 可用于 Northern blotting、RT-PCR、构建 cDNA 文库、基因芯片以及体外翻译等实验。

1. RNA 操作中的一般要求

在所有 RNA 实验中，最关键的因素是分离得到全长的 RNA。而实验失败的主要原因是核糖核酸酶（RNA 酶）的污染。由于 RNA 酶广泛存在且稳定，一般反应不需要辅助因子。因而 RNA 制剂中只要存在少量的 RNA 酶就会引起 RNA 在制备与分析过程中的降解，而所制备的 RNA 的纯度和完整性又可直接影响 RNA 分析的结果，所以，RNA 的制备与分析操作难度极大。在实验中，一方面要严格控制外源性 RNA 酶的污染；另一方面要最大限度地抑制内源性的 RNA 酶。RNA 酶可耐受多种处理而不被灭活，如煮沸、高压灭菌等。外源性的 RNA 酶存在于操作人员的手汗、唾液等，也可存在于灰尘中，同时，其他分子生物学实验中使用的 RNA 酶也会造成污染。这些外源性的 RNA 酶可污染器械、玻璃器皿、塑料制品、电泳槽、研究人员的手及各种试剂。而各种组织和细胞中则含有大量内源性的 RNA 酶。

2. 防止 RNA 酶污染的措施

（1）所有的玻璃器皿均应在使用前于 180℃ 的高温下干烤 6h 或更长时间。

（2）塑料器皿可用 0.1% DEPC 水浸泡或用氯仿冲洗（注意：有机玻璃器具因可被氯仿腐蚀，故不能使用）。

（3）有机玻璃的电泳槽等，可先用去污剂洗涤，双蒸水冲洗，乙醇干燥，再于 3% H_2O_2 中浸泡 10min，然后用 0.1% DEPC 水冲洗，晾干。

（4）溶液应尽可能地用 0.1% DEPC 配制，在 37℃ 处理 12h 以上，然后通过高压灭菌除去残留的 DEPC。不能高压灭菌的试剂，应当用 DEPC 处理过的无菌双蒸水配制，然后经 0.22μm 滤膜过滤除菌。

（5）工作人员佩戴一次性口罩、帽子、手套，实验过程中手套要勤换。

（6）设置 RNA 操作专用实验室，所有器械等应为专用。

在实验中，常用 RNA 酶抑制剂来避免 RNA 酶对 RNA 的降解作用。常用的 RNA 酶抑制剂如下。

（1）焦磷酸二乙酯（DEPC）：是一种强烈但不彻底的 RNA 酶抑制剂。它通过和 RNA 酶的活性基团组氨酸的咪唑环结合使蛋白质变性，从而抑制酶的活性。

注意：DEPC 有致癌之嫌，必须小心操作，防止皮肤接触与吸入！

（2）异硫氰酸胍：目前被认为是最有效的 RNA 酶抑制剂，它在裂解组织的同时也使 RNA 酶失活。它既可破坏细胞结构使核酸从核蛋白中解离出来，又对 RNA 酶有强烈的变性作用。

（3）氧钒核糖核苷复合物：由氧化钒离子和核苷形成的复合物，它和 RNA 酶结合形成过渡态类物质，几乎能完全抑制 RNA 酶的活性。

（4）RNA 酶的蛋白抑制剂（RNasin）：从大鼠肝或人胎盘中提取的酸性糖蛋白。RNasin 是 RNA 酶的一种非竞争性抑制剂，可以和多种 RNA 酶结合，使其失活。

（5）其他：SDS、尿素、硅藻土等对 RNA 酶也有一定抑制作用。

另外，不同植物组织中，或富含酚类化合物，或富含多糖，或含有某些尚无法确定的次级代谢产物，或 RNA 酶的活性较高，如水稻胚乳中含有大量的淀粉等物质，棉花叶片中还有较高的酚类化合物，酚类化合物被氧化后会与 RNA 不可逆地结合，导致 RNA 活性丧失及在用苯酚、氯仿抽提时 RNA 的丢失。对不同的实验材料提取方法稍有差别，可对其含有的特殊次生代谢物采取相应的方法去除。本实验主要介绍 TRIzol 试剂盒法和异硫氰酸胍法提取植物 RNA。

二、实验目的

本实验分别以模式植物拟南芥和酚类、多糖等含量较高的棉花、荒漠植物为材料，介绍了经典的植物 RNA 提取方法和改良的方法，要求学生掌握各种 RNA 提取方法及检测方法。

三、时间表（表7-1）

表7-1　真核生物总 RNA 的提取及反转录

实验步骤	所需时间（h）
DEPC ddH$_2$O	12~14
配制溶液	2
提取植物 RNA	6~8
RNA 电泳检测	1~2
RNA 含量测定	1~2
RNA 反转录	1~2

四、主要仪器、材料、试剂

1. 主要仪器

琼脂糖电泳系统、凝胶成像系统、紫外分光光度计、高速冷冻离心机、制冰机、一次性塑料手套、液氮罐等。

2. 材料

幼嫩植物叶片。

3. 试剂

（1）TRIzol 试剂盒。

（2）CSB 缓冲液：42mmol/L 柠檬酸钠；0.83% N-lauryl sarcosine（十二烷基-N-甲基甘氨酸钠）；0.2mL β-巯基乙醇。

（3）变性液：异硫氰酸胍（终浓度 4mol/L）25g、CSB 缓冲液 33mL，混合直至完全溶解，可在 65℃助溶。4℃保存备用。

（4）2mol/L 乙酸钠：pH4.0。

（5）未开封的异丙醇、氯仿、无水乙醇。

（6）70%乙醇：用 DEPC 水配制。

（7）酚：氯仿：异戊醇（25：24：1）。

（8）DEPC H$_2$O：1000mL ddH$_2$O 中，加入 DEPC 1mL，搅拌 12~24h，至完

全混匀。

五、操作步骤

1. 前期准备

用未灭菌的 0.1% 的 DEPC 水浸泡离心管、电泳槽、制胶板等器具 18~24h，然后将离心管高压灭菌，后于烘箱烘干备用。

2. TRIzol 法（适合模式植物如拟南芥等）提取植物 RNA 的步骤

（1）匀浆处理，将植物叶片 0.2g 在液氮中磨碎，将磨好的样品加入到含有 1mL TRIzol 的预冷的离心管中，迅速混匀。

（2）匀浆样品在 15~30℃ 放置 5min，使得核酸蛋白复合物完全分离。

（3）4℃ 12 000r/min，离心 10min，取上清。

（4）每 1mL TRIzol 加入 0.2mL 氯仿，盖好管盖，剧烈振荡 10min，室温放置 3min。

（5）4℃ 12 000r/min 离心 15min，保留水相。

（6）加入 0.5mL 异丙醇，混匀，室温放置 10min。

（7）4℃ 12 000r/min 离心 10min，去上清。离心前 RNA 沉淀经常是看不见的，离心后在管侧和管底形成胶状沉淀。

（8）于沉淀中加入 1mL 75% 乙醇（用 DEPC 水配制乙醇溶液）洗涤沉淀 3~5 次。

（9）室温放置晾干或真空抽干（不要晾得过干，RNA 完全干燥后会很难溶解，晾干 5~10min）。加 25~200μL 水（DEPC 处理过的水），55~60℃ 放置 10min 溶解 RNA，RNA 也可以溶解于 100% 甲醛，–70℃ 保存。

3. 异硫氰酸胍法（适合于棉花、荒漠植物等）提取植物总 RNA 的基本步骤

（1）取 0.1g 植物器官（新鲜或 –70℃ 及液氮中保存的组织均可）加液氮研磨，将磨好的样加入含有 0.8mL 预冷的变性液的离心管中，迅速混匀，并于 4℃ 12 000r/min 离心 5min。

（2）于上述溶液中加入 1/10 体积的 2mol/L 乙酸钠（pH 4.0），混合。

（3）加酚：氯仿：异戊醇（25：24：1）1mL，用力振荡 10min，冰浴 10min。

（4）4℃下 12 000r/min 离心 10min。

（5）小心吸取上层含有 RNA 的水相，并转移至一新的 2mL 离心管中。避免吸取两相之间的蛋白物质。

（6）加等体积的异丙醇，混匀，于-20℃沉淀 30min，4℃下 12 000r/min 离心 15min。

（7）弃上清，于沉淀中再加变性液 1mL 重悬 RNA 沉淀物，振荡直至 RNA 完全溶解（必要时可于 65℃水浴促溶）。

（8）加入等体积异丙醇，置-20℃ 30min。

（9）4℃下 12 000r/min 离心 15min。

（10）弃上清，加入 70%乙醇 1mL 洗涤 RNA 沉淀。4℃下 8 000r/min 离心 5min。

（11）弃上清，将沉淀晾干。

（12）加入适量 DEPC 水溶解 RNA（65℃促溶 10~15min）。

（13）RNA 的纯化。

每份样品按以下处理，RNA 浓度约为 1μg/μL。DNase I 5μL（25U），RNA 酶抑制剂 1μL（10U），总 RNA 约 100μg，总体积 100μL（用 DEPC 水补齐）。混合液混匀后，37℃温育 30min，加 25μL 终止液 [50mmol/L EDTA，l. 5mol/L NaAc，1%（v/v）SDS] 混匀，用酚∶氯仿∶异戊醇（25∶24∶1）抽提一次，于 4℃ 12 000r/min 离心 15min），再用氯仿∶异戊醇（24∶1）抽提一次。将上清液移至另一新离心管，加二倍体积无水乙醇（-20℃）冰浴 15~30min 沉淀 RNA，4℃ 12 000r/min 离心 15min，用 75%乙醇洗一次后，将 RNA 重新溶于 DEPC 水，定量检测如前。

总 RNA 定量：浓度测定用 Perkin Instruments Lambde 35 UV/VIS spectrometer 测定。测定 A260/A280 处吸光值，计算 A260/A280 比值，以估计总 RNA 纯度。通过 A260 的值计算总 RNA 量。

4. 总 RNA 的检测

RNA 的检测主要用琼脂糖凝胶电泳，分为非变性凝胶电泳和变性凝胶电泳。一般变性凝胶电泳用的最多的是甲醛变性电泳（如 Northern blotting 实验过程中）。由于 RNA 分子是单链核酸分子，它不同于 DNA 的双链分子结构，其自身可以回折形成发卡式二级结构或更复杂的分子状态，以至通过一般传统的琼脂糖凝胶电泳难以得到依赖于分子量的电泳分离条带。为此电泳上样前将样品于 65℃加热变性 5min，使 RNA 分子的二级结构充分打开，并且在琼脂糖凝胶中加入适量的甲醛，可保证 RNA 分子在电泳过程中持续保持单链状态。因此，总

RNA 样品便在统一构象下得到了琼脂糖凝胶上的依赖于分子量的逐级分离条带。

琼脂糖凝胶甲醛变性电泳步骤如下。

（1）制备凝胶（1.2%）：称 1.2g 琼脂糖，加 72mL DEPC 处理的水，加热融化。冷却至 60℃，在通风厨内加入 10×凝胶缓冲液 10mL，甲醛（37%）18mL，混匀后倒入凝胶模具中。

（2）样品制备：在离心管中，将 RNA 样品与 10×样品缓冲液以 9：1 比例混合。65℃温浴 5~10min，迅速在冰上冷浴 5min，瞬时离心数秒。对于 Northern 杂交实验，总 RNA 上样量可达到 10~30μg。

（3）上样前凝胶须预电泳 5min，再将样品加入上样孔，以 5V/cm 的电压电泳 1.5~2h。

（4）待溴酚蓝迁移至凝胶长度 2/3~4/5 处结束电泳。将凝胶置于溴化乙锭溶液（0.5μg/mL，用 0.1mol/mL 乙酸胺配制）中染色 30min。

（5）在紫外灯下观察结果。

5. 总 RNA 的定量

RNA 定量方法与 DNA 定量相似。RNA 在 260nm 波长处有最大的吸收值，因此，可以用 260nm 波长测定 RNA 浓度，OD 值为 1 相当于 40μg/mL 的单链RNA。用 ddH_2O 稀释 RNA 样品 n 倍，并以 ddH_2O 为空白对照，根据此时读出的 OD_{260} 值即可计算出样品稀释前的浓度。

$$RNA（mg/mL）= 40×OD_{260}读数×稀释倍数（n）/1\,000$$

RNA 纯品的 OD_{260}/OD_{280} 的比值为 2.0，故根据 OD_{260}/OD_{280} 的比值可以估计 RNA 的纯度。若比值较低，说明有残余蛋白质存在；若比值太高，则提示 RNA 有降解。

提取植物 RNA 注意事项：

①一般用机械研磨的方法破碎植物组织细胞；②要加入蛋白质变性剂，使核蛋白与 RNA 分离并释放出 RNA；③抑制内源和外源 RNA 酶活性；④将 RNA 与 DNA、蛋白质及其他细胞成分分开；⑤要避免沉淀完全干燥，否则 RNA 难以溶解。

6. cDNA 的反转录

反转录是将 RNA 通过反转录酶的作用反转成和 RNA 链互补配对的 cDNA 链的过程。一般都是用反转录试剂盒进行反转录操作。

根据上述测得的 RNA 浓度，反转录 2~5μg 的 RNA，以供后续的反转录 PCR。

六、结果与分析

RNA 提取实验中最大的挑战在于如何尽量地避免 RNA 分子的降解。由于 mRNA 分子大小不均一，并不能在电泳结果上将其显示出来。通常通过检测 rRNA 来反映提取的总 RNA 的质量。如图 7-1 中 28S 和 18S rRNA 清晰且亮度高，表明提取的总 RNA 的质量和浓度良好。提取的总 RNA 的质量好坏直接影响到后续的反转录、基因的克隆及 RT-PCR 等操作。

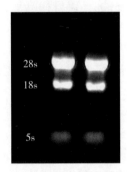

图 7-1　RNA 质量的琼脂糖凝聚检测

七、问题与讨论

结合总 RNA 特点，试谈提取出 RNA 最理想的状态应该是怎样的。根据各自的实验结果推测产生原因及应采取的对策。

八、思考题

（1）在进行 RNA 提取时应该注意哪些方面的问题？

（2）在纯化 RNA 时，DEPC 的作用是什么？

（3）为什么最后要去掉残留的 DEPC？

（4）如何分离提取脂类和糖类含量较高组织的总 RNA？

（5）如何分离提取 RNA 酶含量或活性含量高的组织的总 RNA？

参考文献

顾晓松，谭湘陵，丁斐，2001. 分子生物学理论与技术 ［M］. 北京：北京科学出版社.

J. 萨姆布鲁克，E. F. 弗里奇，T. 曼尼阿蒂斯，1998. 分子克隆试验指南 ［M］. 北京：科学出版社.

梁国栋，2001. 最新分子生物学实验技术 ［M］. 北京：科学出版社.

吴乃虎，2000. 基因工程原理 ［M］. 2 版. 北京：科学出版社.

Zhu L F，Tu L L，Zeng F C，et al.，2005. An improved simple protocol for isolation of high quality RNA from Gossypium spp. suitable for cDNA library construction ［J］. *Acta Agr Sinica*，31：1657-1659.

极端环境微生物基因组 DNA 的提取及分析

一、概述

　　DNA 主要存在于细胞核的染色体中。核外也有少量 DNA，如线粒体 DNA（mtDNA），叶绿体 DNA（cpDNA），质粒 DNA。微生物总 DNA 的提取通常用于分析微生物多样性、群落结构、构建基因组文库、获得目的片段等。

　　基因工程实验所需要的基因组 DNA 通常要求分子尽可能完整，以此增加外源基因获得率，但要获得大片段的 DNA 并非易事，细菌基因组 DNA 通常是分子量极大的环状 DNA，而在抽提过程中，不可避免地机械剪切力会将其切断。因此，要获得完整的 DNA 分子，就需要尽可能地温和操作，减少切断 DNA 分子的可能性。同时，分子热运动也会减少所抽提到的 DNA 的量，所以，提取过程也要尽可能在低温下进行。另外，细胞内及抽提器皿中污染的核酸酶也会降解制备过程中的 DNA，所以，制备过程要抑制其核酸酶的活性。另外，制备的细菌染色体 DNA 必须是高纯度的，以满足基因工程中各种酶反应的需要。制备的样品必须没有蛋白污染，没有 RNA，各种离子浓度应符合要求，这些在染色体制备时都应考虑到。大肠杆菌染色体 DNA 抽提首先收集对数生长期的细胞，然后用离子型表面活性剂十二烷基磺酸钠（SDS）破裂细胞，SDS 具有的主要功能：①溶解细胞膜上的脂类和蛋白质，因而溶解膜蛋白而破坏细胞膜；②解聚细胞膜上的脂类和蛋白质，有助于消除染色体 DNA 上的蛋白质；③SDS 能与蛋白质结合成为 R1-O-SO3R2 蛋白质的复合物，使蛋白质变性而沉淀下来。但是 SDS 能抑制核糖核酸酶的作用，所以，在以后的提取过程中，必须把它除干净。以免影响下一步 RNase 的作用。破细胞后 RNA 经 RNase 消化除去，蛋白质经苯酚：氯仿：异戊醇抽提除去，经乙醇沉淀回收 DNA。枯草杆菌染色体制备与上类似，但略加修改的方法要适合教学要求。枯草杆菌是格兰氏阳性菌，所以，在 SDS 处理前需要使用溶菌酶裂解细胞壁。溶菌酶是一种糖苷水解酶，它能水解菌体细胞壁的主要化学成分肽聚糖中的 β-1,4 糖苷键，有助于细胞壁破裂。破裂的细胞壁在 SDS 的作用下溶菌，同时，用蛋白酶 K 消化蛋白质，能解离缠绕在染色体 DNA 上的蛋白质，然后加入一定量的醋酸钾，使蛋白质变性，通过离心除去。在这期间可加入 RNA 酶消化 RNA，最后用乙醇回收 DNA。此二种方法抽提的细菌染色体 DNA，无 RNA 和蛋白质污染，可用于限制性内切酶消化、分子再克隆等。但在下一步实验前，要测定其 DNA 的浓度，常用测定 DNA 浓度的方法是溴化乙锭电泳法。当 DNA 样品在琼脂糖凝胶中电泳时，加入的 EB 会增强反射的荧光。而荧光的强度正比于 DNA 的含量，如将已知浓度的标准样品作电泳对照，就可估计出待测样品的浓度。

不同微生物基因组 DNA 的提取方法不同，本实验是放线菌、细菌、真菌基因组 DNA 提取的一般方法。

二、实验目的

掌握不同微生物高质量基因组 DNA 的提取原理及方法，了解影响微生物基因组 DNA 提取效率的因素，熟悉各种试剂的作用。

三、时间表（表 8-1）

表 8-1　时间表

实验内容	所需试剂（h）
配制培养基	4
培养细菌	10~48
细菌总 DNA 提取	6

四、实验仪器、材料和试剂

1. 实验仪器

摇床、涡旋振荡器、1mL 移液器、0.2mL 移液器、0.02mL 移液器、恒温水浴锅、低温冷冻离心机、冰箱、电泳仪、琼脂糖凝胶电泳槽、凝胶成像仪、核酸蛋白质浓度测定仪、微波炉、紫外分光光度计。

2. 实验材料

细菌、放线菌和真菌菌株。

3. 实验试剂

（1）细菌和放线菌所需试剂

2mL 无菌离心管、TE 缓冲液（pH 值 8.0）、溶菌酶（50mg/mL）、20%SDS、蛋白酶 K（20mg/mL）、苯酚：氯仿：异戊醇（25：24：1，*V/V/V*）、异丙醇、乙酸钠（3mol/L）、75%乙醇、ddH$_2$O、无菌蓝枪头、无菌黄枪头、无菌白枪头。

（2）真菌所需试剂

2mL 无菌离心管、恒温水浴锅、研钵、2×CTAB 提取液、巯基乙醇、无菌普通细砂、氯仿：异戊醇（24：1，*V/V*）、低温冷冻离心机、无水乙醇、ddH$_2$O、冰箱、无菌蓝枪头、无菌黄枪头、无菌白枪头。

五、实验步骤

1. 细菌总 DNA 的提取

（1）取大肠杆菌 C600 单菌落于 5mL LB 培养液中，37℃摇床振荡培养过夜。

（2）将上述菌液 1%接种量接种于 20mL LB 培养液中，37℃摇床振荡培养过夜。

（3）已培养好的菌液，收集于 10mL 的离心管中，在低速离心机上 4 000r/min 离心 10min，去上清，留沉淀菌体。

（4）用 5mL 的 SET 溶液悬浮细胞，加入 20% SDS 1mL，37℃下轻摇过夜，使细胞裂解。

（5）加入等体积的饱和酚，上下轻轻摇匀，放置 5min 后，在低速离心机上 3 500r/min 离心 10min。

（6）取上相，加入 1/2 体积的饱和酚，1/2 体积的氯仿：异戊醇，上下翻转均匀，3 500r/min 离心 10min。

（7）取上相，加入等体积的酚：氯仿：异戊醇，如第（6）步，离心。

（8）取上相于一干净离心管中，另在一个 50mL 的烧杯中加入 15mL 预冷无水乙醇，把上述的上相液沿着玻棒慢慢倒入乙醇中，并温和地搅拌以使 DNA 附着于玻棒上。

（9）挑起 DNA，再放于干净的乙醇中洗涤，然后把 DNA 溶于 50mL TE 中，待测浓度。

（10）总 DNA 制备样品浓度测定：①用 1×TAE 缓冲液溶解琼脂糖（0.6%）；②分别取标准浓度的 λDNA 0.05μg、0.1μg、0.15μg、0.2μg，加相应的加样缓冲液混合好，点样；③取 2μL 染色体 DNA 样品点样（冷冻离心获取的 DNA 样品取 50μL 点样），打开电泳仪电泳，待溴酚蓝进入凝胶 2cm 后，停止电泳，紫外灯下观察，估计样品 DNA 浓度。

（11）测定总 DNA 的浓度：将提取的 DNA 用 1×TE 缓冲液（20ng/μL RNA 酶）溶解，通过紫外分光光度计测定它们在 260nm 和 280nm 处的吸光值，计算 A260/A280 的值和 DNA 的浓度。

2. 放线菌 DNA 的提取

（1）接种细菌于 5mL 的 LB 培养基中，37℃，220r/min，过夜振荡培养。

（2）取 1.5mL 无菌离心管，收集菌体，用 STE 缓冲液清洗菌体一次，加入 0.48mL 1×TE 缓冲液（含 1mol/L Tris·Cl，pH8.0 和 0.5mol/L EDTA，pH8.0），挑取少量菌落至 1.5mL 离心管中。加入 20μL 50mg/mL 的溶菌酶，37℃水浴 3~4h。

（3）加入 20% SDS 50μL，20mg/mL 的蛋白酶 K 5μL，60℃水浴处理 1h。

加入 550μL 酚∶氯仿∶异戊醇（体积比 25∶24∶1），轻轻颠倒混匀，12 000r/min 离心 10min，取上层液体转入另一离心管中；再加入酚∶氯仿∶异戊醇，重复抽提 2 次（上清很黏稠，吸取时应小心，最好剪去枪头尖）。

（4）加入 300μL 异丙醇和 70μL 的 3mol/L 乙酸钠，颠倒混匀，室温放置 10min。12 000r/min 离心 10min，弃上清；加入 300μL 75% 的乙醇，12 000r/min 离心 5min，重复 2 次，吸出离心管底部剩余的 75% 乙醇，倒置晾干。加 20~50μL 的无菌 ddH₂O 充分溶解，−20℃保存备用。

（5）总 DNA 制备样品浓度测定：①用 1×TAE 缓冲液溶解琼脂糖（0.6%）；②分别取标准浓度的 λDNA 0.05μg、0.1μg、0.15μg、0.2μg，加相应的加样缓冲液混合好，点样；③取 2μL 染色体 DNA 样品点样（冷冻离心获取的 DNA 样品取 50μL 点样），打开电泳仪电泳，待溴酚蓝进入凝胶 2cm 后，停止电泳，紫外灯下观察，估计样品 DNA 浓度。

（6）测定总 DNA 的浓度：将提取的 DNA 用 1×TE 缓冲液（20ng/μL RNA 酶）溶解，通过紫外分光光度计测定它们在 260nm 和 280nm 处的吸光值，计算 A260/A280 的值和 DNA 的浓度。

3. 真菌 DNA 的提取

（1）将研钵放入冰箱中冷冻，使用时将预先冷冻的研钵放置在冰块上，取适量菌丝体，加适量的 2×CTAB 提取液（含 0.7% NaCl，100mmol/L Tris·Cl pH8.0，20mmol/L EDTA，20g/L CTAB），5μL 巯基乙醇和少量的灭菌普通细砂，在研钵中迅速将菌体充分研磨。

（2）研磨后迅速将菌液移入 1.5mL 的无菌离心管中，于 65℃下水浴 30min，水浴过程中颠倒 2~3 次。

（3）菌液摇匀后加等体积的酚：氯仿：异戊醇混合液（体积比 25：24：1）充分混匀，12 000r/min 离心 5min。

（4）将上清夜移至另一新的 1.5mL 的无菌离心管中，加 2.5 倍体积的冰冻无水乙醇，轻轻摇匀，等沉淀出现后，12 000r/min 离心 5min。

（5）弃上清夜，沉淀用 75%乙醇洗涤 2 次，吸干离心管底部的液体，倒置晾干，加 20~50μL 的无菌 ddH$_2$O 充分溶解，-20℃保存备用。

（6）总 DNA 制备样品浓度测定：①用 1×TAE 缓冲液溶解琼脂糖（0.6%）；②分别取标准浓度的 λDNA 0.05μg、0.1μg、0.15μg、0.2μg，加相应的加样缓冲液混合好，点样；③取 2μL 染色体 DNA 样品点样（冷冻离心获取的 DNA 样品取 50μL 点样），打开电泳仪电泳，待溴酚蓝进入凝胶 2cm 后，停止电泳，紫外灯下观察，估计样品 DNA 浓度。

（7）测定总 DNA 的浓度：将提取的 DNA 用 1×TE 缓冲液（20ng/μL RNA 酶）溶解，通过紫外分光光度计测定它们在 260nm 和 280nm 处的吸光值，计算 A260/A280 的值和 DNA 的浓度。

4. 试剂盒法提取细菌基因组 DNA

使用前请先按说明在缓冲液 GD 和漂洗液 PW 中加入无水乙醇。

（1）取细菌培养液 1~5mL，10 000r/min（~11 500×g）离心 1min，尽量吸尽上清。

（2）向菌体沉淀中加入 200μL 缓冲液 GA，振荡至菌体彻底悬浮。

注意：对于较难破壁的革兰氏阳性菌，可略过第（2）步骤，加入溶菌酶进行破壁处理。具体方法为：加入 180μL 缓冲液 [20mM Tris，pH 8.0；2mM Na$_2$-EDTA；1.2% Triton；终浓度为 20mg/mL 的溶菌酶（溶菌酶必须用溶菌酶干粉溶解在缓冲液中进行配制，否则，会导致溶菌酶无活性）]，37℃处理 30min 以上。

如果需要去除 RNA，可加入 4μL RNase A（100mg/mL）溶液，振荡 15s，室温放置 5min。

（3）向试管中加入 20μL 蛋白酶 K 溶液，混匀。

（4）加入 220μL 缓冲液 GB，振荡 15s，70℃放置 10min，溶液应变清亮，简短离心以去除管盖内壁的水珠。

注意：加入缓冲液 GB 时可能会产生白色沉淀，一般 70℃放置时会消失，不会影响后续实验。如溶液未变清亮，说明细胞裂解不彻底，可能导致提取 DNA 量少或提取出的 DNA 不纯。

（5）加 220μL 无水乙醇，充分振荡混匀 15s，此时可能会出现絮状沉淀，简短离心以去除管内壁的水珠。

（6）将上一步所得溶液和絮状沉淀都加入一个吸附柱 CB3 中（吸附柱放入收集管中），12 000r/min（~13 400×g）离心 30s，倒掉废液，将吸附柱 CB3 放入收集管中。

（7）向吸附柱 CB3 中加入 500μL 缓冲液 GD（使用前请先检查是否已加入无水乙醇），12 000r/min（~13 400×g）离心 30s，倒掉废液，将吸附柱 CB3 放入收集管中。

（8）向吸附柱 CB3 中加入 600μL 漂洗液 PW（使用前请先检查是否已加入无水乙醇），12 000r/min（~13 400×g）离心 30s，倒掉废液，吸附柱 CB3 放入收集管中。

（9）重复操作步骤（8）。

（10）将吸附柱 CB3 放回收集管中，12 000r/min（~13 400×g）离心 2min，倒掉废液。将吸附柱 CB3 置于室温放置数分钟，以彻底晾干吸附材料中残余的漂洗液。

注意：这一步的目的是将吸附柱中残余的漂洗液去除，漂洗液中乙醇的残留会影响后续的酶反应（酶切、PCR 等）实验。

（11）将吸附柱 CB3 转入一个干净的离心管中，向吸附膜的中间部位悬空滴加 50~200μL 洗脱缓冲液 TE，室温放置 2~5min，12 000r/min（~13 400×g）离心 2min，将溶液收集至离心管中。

注意：洗脱缓冲液体积不应少于 50μL，体积过小影响回收效率。洗脱液的 pH 值对于洗脱效率有很大影响。若用 ddH_2O 做洗脱液应保证其 pH 值在 7.0~8.5 范围内，pH 值低于 7.0 会降低洗脱效率，且 DNA 产物应保存在 -20℃，以防 DNA 降解。为增加基因组 DNA 的获得率，可将离心得到的溶液再加入吸附柱 CB3 中，室温放置 2min，12 000r/min（~13 400×g）离心 2min。

六、结果分析

利用琼脂糖凝胶电泳结合微量核酸分析仪分析 DNA 浓度及纯度。得到的基因组 DNA 片段的大小与样品保存时间、操作过程中的剪切力等因素有关。回收得到的 DNA 片段可用琼脂糖凝胶电泳和紫外分光光度计检测浓度与纯度。

DNA 应在 OD_{260} 处有显著吸收峰，OD_{260} 值为 1 相当于大约 50μg/mL 双链

DNA、40μg/mL 单链 DNA。

OD_{260}/OD_{280} 比值应为 1.7~1.9，如果洗脱时不使用洗脱缓冲液，而使用 ddH_2O，比值会偏低，因为 pH 值和离子存在会影响光吸收值，但并不表示纯度低。

七、思考题

影响细菌基因组 DNA 提取质量的因素有哪些？

参考文献

贺惠，张玉，甄毓，等，2017. 海洋沉积物中微生物基因组 DNA 提取方法的比较研究 [J]. 中国海洋大学学报（自然科学版）（6）：17-24.

熊明华，朱继荣，王光利，等，2016. 一种快速经济提取革兰氏阴性和革兰氏阳性细菌基因组 DNA 的方法 [J]. 基因组学与应用生物学（2）：385-390.

周佳，屈建航，李晓丹，等，2017. 湖泊沉积物基因组 DNA 的提取方法比较研究 [J]. 基因组学与应用生物学（4）：1551-1555.

Aphale Durgadevi, Kulkarni Aarohi, 2018. Modifications and optimization of manual methods for polymerase chain reaction and 16S rRNA gene sequencing quality community DNA extraction from goat rumen digesta [J]. Veterinary world（7）：990-1000.

Kathiravan Mathur Nadarajan, Gim Geun Ho, Ryu Jaewon, et al., 2015. Enhanced method for microbial community DNA extraction and purification from agricultural yellow loess soil [J]. Journal of microbiology（Seoul，Korea）（11）：767-775.

第二部分

综合创新实验

实验九

分子杂交分析基因拷贝数及表达水平

一、概述

分子杂交是通过各种方法将核酸分子固定在固相支持物上，然后用标记的探针与被固定的分子杂交，经显影后显示出目的 DNA、RNA 或蛋白质分子所处的位置。根据被测定的对象，分子杂交一般分为以下几大类。

Southern 杂交：来源不同的 DNA 和 DNA 或 RNA 与 DNA 之间通过碱基互补配对形成双链的过程。其操作过程是将待检测个体的基因组 DNA 经过限制性酶切或机械片段化后进行电泳，再经过原位变性，然后从凝胶中转移到硝酸纤维素滤膜上，再用标记过的探针杂交。被检对象为 DNA，探针为 DNA 或 RNA。Southern blotting 依据生物学家 Edwin Southern 名字来命名。Southern 于 1975 年首创的检测 DNA 的分子杂交方法，其基本原理是具有一定同源性的两条核酸单链与 DNA（或 DNA 与 RNA）在一定条件下可按碱基互补配对的原则退火形成双链。杂交的双方是待测核酸序列及标记的探针，杂交的过程是高度特异的，因此，其结果稳定性好、重复性高（图 9-1）。

Northern 杂交：RNA 片段经电泳后，从凝胶中转移到硝酸纤维素滤膜上，然后用探针杂交。被检对象为 RNA，探针为 DNA 或 RNA。该方法是 1977 年由斯坦福大学 James Alwine、David Kemp 和 George Stark 发明，实际上依照比它更早发明的一项杂交技术 Southern blot（依据生物学家 Edwin Southern 名字来命名）来命名。Northern blotting 是一种通过检测 RNA 的表达水平来检测基因表达的方法，通过 Northern blotting 的方法可以检测到细胞在生长发育特定阶段或者胁迫或病理环境下特定基因的表达情况。其检测对象是 RNA，探针可以是 DNA 或 RNA。

Northern blotting 首先通过电泳的方法将不同的 RNA 分子依据其分子量大小加以区分，然后通过与特定基因互补配对的探针杂交来检测目的片段。"Northern blotting" 这一术语实际指的是 RNA 分子从胶上转移到膜上的过程，当然它现在通指整个实验的过程。

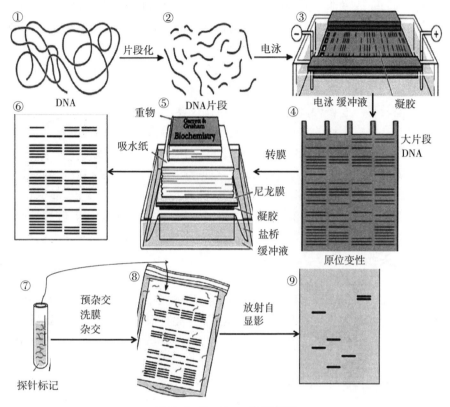

图 9-1　**Southern 杂交流程**

Western 杂交：该方法主要通过抗体与抗原的特异性结合来检查蛋白质的含量，因此，其被检测对象和探针都是蛋白质。

根据杂交所用的方法，还有斑点（dot）杂交、狭槽（slot）杂交和菌落原位杂交等。有 3 种固相支持物可用于杂交：硝酸纤维素滤膜、尼龙膜和 Whatman 541 滤纸。不同商标的尼龙膜需要进行不同的处理，在 DNA 固定和杂交的过程中要严格按生产厂家的说明书来进行。Whatman 541 滤纸有很高的湿强度，最早用于筛选细菌菌落。该滤纸主要用于筛选一些基因文库。固定化 DNA 的杂交条件基本与使用硝酸纤维素滤膜时所建立的条件相同。Whatman 541 滤纸与硝酸纤维素滤膜相比有以下优点：它更便宜，杂交中更耐用，干燥过程中不易变形和碎裂等。然而若变性过程不小心，杂交信号的强度会明显弱于用硝酸纤维素滤膜时所得到的信号强度。因此，常规的细菌筛选和各种杂交时仍选用硝酸纤维素滤膜作为固相支持体。

将 DNA 从凝胶中转移到固体支持物上的方法主要有 3 种。①毛细管转移。

本方法由 Southern 发明，故又称为 Southern 转移（或印迹）。毛细管转移方法的优点是简单，不需要用其他仪器。缺点是转移时间较长，转移后杂交信号较弱。②电泳转移。将 DNA 变性后，可电泳转移至带电荷的尼龙膜上。该法的优点是不需要脱嘌呤/水解作用，可直接转移较大的 DNA 片段。缺点是转移中电流较大，温度难以控制。通常只有当毛细管转移和真空转移无效时，才采用电泳转移。③真空转移。有多种真空转移的商品化仪器，它们一般是将硝酸纤维素膜或尼龙膜放在真空室上面的多孔屏上，再将凝胶置于滤膜上，缓冲液从上面的一个贮液槽中流下，洗脱出凝胶中的 DNA，使其沉积在滤膜上。该法的优点是快速，在 30min 内就能从正常厚度（4~5mm）和正常琼脂糖浓度（<1%）的凝胶中定量地转移出来。转移后得到的杂交信号比 Southern 转移强 2~3 倍。缺点是如不小心，会使凝胶碎裂，并且在洗膜不严格时，X 光片背景比毛细管转移要高。

二、实验目的

掌握 Southern blotting 和 Northern blotting 检测核酸的原理，掌握不同分子杂交结果的分析思路，熟悉两种探针标记方法及其应用，了解分子杂交技术的应用。

三、时间表（表 9-1）

表 9-1　转基因植株的分子杂交检测所需时间

Southern blotting		Northern blotting	
实验步骤	所需时间（h）	实验步骤	所需时间（h）
配制试剂	2	配制试剂	2
提取植物基因组 DNA	6	提取植物 RNA	10
酶切	36~48		
电泳	10~12	变性电泳	2
转膜	12~18	转膜	12~18
预杂交/探针制备	5~6	预杂交/探针制备	5~6
杂交	10~12	杂交	10~12
洗膜	2~3	洗膜	2~3
压磷屏	12~18	压磷屏	12~18
放射自显影	1	放射自显影	1

四、主要仪器、材料及试剂

1. 主要仪器

琼脂糖凝胶电泳系统、恒温水浴锅、台式高速离心机、烘箱、放射自显影盒、杂交管、硝酸纤维素滤膜或尼龙膜、滤纸、杂交仪等。

2. 材料

待检测的转基因烟草，标准 GFP 质粒，经过 *Eco*R Ⅰ 酶水解的转基因烟草 DNA，已标记好的探针。

3. 试剂

（1）10mg/mL 溴化乙锭（EB）。

（2）50×Denhardt's 溶液：5g Ficoll-40，5g PVP，5g BSA 加水至 500mL，过滤除菌后于 -20℃ 储存。

（3）1×BLOTTO：5g 脱脂奶粉，0.02% 叠氮钠，储于 4℃。

（4）预杂交溶液：6×SSC，5×Denhardt，0.5% SDS，100mg/mL 鲑鱼精子 DNA，50% 甲酰胺。

（5）杂交溶液：预杂交溶液中加入变性探针即为杂交溶液。

（6）0.2mol/L HCl。

（7）0.1% SDS。

（8）0.4mol/L NaOH。

（9）变性溶液：87.75g NaCl，20.0g NaOH 加水至 1 000mL。

（10）中和溶液：175.5g NaCl，6.7g Tris·Cl，加水至 1 000mL。

（11）硝酸纤维素滤膜。

（12）20×SSC：3mol/L NaCl，0.3mol/L 柠檬酸钠，用 1mol/L HCl 调节 pH 值至 7.0。

（13）2×SSC、1×SSC、0.5×SSC、0.25×SSC 和 0.1×SSC：分别用 20×SSC 稀释。

用于 Northern 的试剂。

（14）10×Mops：0.2mol/L Mops，20mmol/L NaAc，10mL EDTA，用 DEPC ddH$_2$O 定容至 1L。

（15）20×SSC：3mol/L NaCl，0.3mol/L 柠檬酸钠，pH 值为 7.0，用 DEPC

ddH$_2$O 定容至 1L。

（16）电泳缓冲液的配制：取 100mL 10×Mops 稀释至 1L。

五、操作步骤

（一）探针标记（地高辛标记探针法）

按 Roche 公司的 DIG High Primer Labeling and Detection Starter Kit Ⅰ 试剂盒说明进行探针标记，其步骤如下。

1. 探针的制备

吸取 16μL GFP（或目的基因）片段的 PCR 回收产物，放入一洁净离心管中，煮沸 10min 使其变性，后立即插入碎冰中。加入 4μL DIG High Primer 至上述离心管中轻轻混匀，瞬时离心后，37℃温浴 5～10h。取出离心管，65℃加热10min 终止反应或加入 2μL 0.2mol/L pH8.0 的 EDTA 终止反应，后置冰箱中备用。

2. 转 GFP 烟草（或转目的基因的单株）基因组 DNA 的提取及电泳

取事先提取的烟草基因组 DNA 10～30μg，50～80U 的限制性内切酶 *Bam*HⅠ，5μL 相应的 buffer，加入 1μL 的 BSA，用 ddH$_2$O 补到酶切体系为 50μL，于37℃酶切 36～48h，至酶切完全后用 0.8% 的琼脂糖凝胶在 40V 电压下电泳过夜，直至溴酚蓝电泳至距胶底 1cm 左右（该胶中包括 DNA 分子量标准物和阴性对照、阳性对照泳道）。

3. 转膜

（1）变性：取出凝胶，切去凝胶的四边，在左上角切去一角以示标记，置于数倍体积的碱性变性转移液中轻轻震荡 15～20min，至溴酚蓝变成黄色，弃变性液。

（2）重复操作步骤（1）一次，同时准备与凝胶大小相同的滤纸 2 张，尼龙膜（N$^+$）1 张，尼龙膜先用 ddH$_2$O 浸湿，然后用碱性变性转移液浸泡约 5min。

（3）在一合适容器中放一干净玻璃板，玻璃表面从下至上依次放置比凝胶略窄的长滤纸条、凝胶（凝胶反面朝上）、尼龙膜、2 层用 2×SSC 浸湿的滤纸（注意：每放一层都必须赶尽气泡），滤纸上放 5～8cm 厚的吸水纸，其上压一个约 1kg 的重物，转移过夜后，剥去凝胶，取下膜。

4. 固定

（1）取下膜，将膜置于用 10×SSC 浸湿的滤纸上。

（2）将膜在 HL-2000 HybriLinker 杂交仪中紫外照射 3min。

（3）将膜置于 ddH_2O 中漂洗后，空气干燥。

5. 杂交

（1）吸取 64mL 无菌 ddH_2O，分两次加至 DIG Easy Hyb，立即于37℃搅拌5min。

（2）于37~42℃与预热适量（10mL/100cm²）的 DIG Easy Hyb。

（3）将膜置于上述 DIG Easy Hyb 中，轻轻震荡30min。

（4）将 DIG 标记的 DNA 探针于沸水中变性5min，立即于冰水中冷却。

（5）预热适量（3.5mL/100cm²）的 DIG Easy Hyb，加入适量上述变性过的探针，充分混匀（注意不要产生气泡）。

（6）弃去（3）中的预杂交液，换上（5）中的杂交液，41℃慢速震荡过夜。

（7）将膜取出，用2×SSC、0.1%SDS 于15~25℃洗膜两次，每次5min，轻轻震荡。

（8）将膜取出，用0.5×SSC、0.1%SDS 于65~68℃洗膜两次，每次5min，轻轻震荡。

（9）将膜置于100mL 洗脱缓冲液（Washing buffer）中，15~25℃轻轻震荡1~5min。

（10）将膜置于100mL 封闭缓冲液（Blocking solution）中，15~25℃轻轻震荡30min；轻轻震荡洗涤两次。

（11）将膜置于20mL 抗体溶液（Antibody solution）中，15~25℃轻轻震荡30min。

（12）将膜置于100mL 洗脱缓冲液（Washing buffer）中，轻轻震荡洗涤两次，每次15min。

（13）将膜置于20mL 检测缓冲液（Detection buffer）中，平衡2~5min。

（14）将膜置于10mL 现配的显色液中显色，显色反应最好置于暗处进行。

（15）当预期的杂交信号出现后，立即用50mL ddH_2O 或 TE 洗膜终止反应。

（二）放射性同位素标记探针的 Southern 杂交步骤

1. 转 GFP 棉花基因组 DNA 的提取及电泳

（1）DNA 的片段化：取事先提取的棉花基因组 DNA 10~30μg，50~80U 的限制性核酸内切酶 BamH I，5μL 相应的 buffer，加入1μL 的 BSA，用 ddH_2O 补到酶切体系为50μL，于37℃酶切36~48h，至酶切完全。

（2）制胶：制备比普通电泳长一倍的琼脂糖凝胶，浓度0.8%，用0.5×TBE 电泳缓冲液。注意：凝胶融化越彻底，电泳及杂交结果越好。

（3）点样及电泳分离 DNA：于每个酶切样品中加入2μL 的上样缓冲液，混匀后瞬时离心甩至管底，点样。点样时尽量不用两边的两个点样孔，点样后静置 5~10min，DNA Marker 的点样量在 500ng 为宜。电泳时先用 250V 的电压电泳 5~10min，使样品跑出点样孔，再将电压调至 40V 电泳 12~14h，直至溴酚蓝电泳至距胶底 1cm 左右。注意试验中应该包括 DNA 分子量标准物和阴性对照、阳性对照泳道。

2. 变性及转膜

（1）变性：取出凝胶，切去凝胶的四边，在左上角切去一角以示标记，将凝胶置于一个大小合适的方盘中，方盘中加入没过凝胶的酸变性液（0.2mol/L HCl 17mL+983mL 的 ddH$_2$O）中轻轻震荡 10~20min，至溴酚蓝变成黄色，弃变性液；用 ddH$_2$O 漂洗 2~3 次，然后加入碱变性液（87.75g NaCl，20g NaOH，用 ddH$_2$O 定容至 1L）中轻轻震荡 10~20min，至溴酚蓝恢复蓝色，再用 ddH$_2$O 漂洗 2~3 次，将胶置于碱性转移液（58.5g NaCl，16g NaOH，用 ddH$_2$O 定容至 1L）中浸泡 15min。

（2）转膜：准备与凝胶大小相同的滤纸 2 张，尼龙膜（N$^+$）1 张，尼龙膜先用 ddH$_2$O 浸湿，然后用碱性变性转移液浸泡约 5min。

（3）将一干净玻璃板架在一合适的方盘上，方盘中加入足够量的碱性转移液，玻璃表面从下至上依次放置比凝胶略窄的长滤纸条（盐桥），盐桥滤纸两头垂下浸入到转移液中，盐桥滤纸上再放上凝胶（凝胶反面朝上）、尼龙膜、2 层用 2×SSC 浸湿的滤纸（注意：每放一层都必须赶尽气泡），滤纸上放 5~8cm 厚的吸水纸，其上压一个约 1kg 的重物。为了保证转移液只能经过凝胶进入吸水纸，可在凝胶与盐桥滤纸之间放 4 块 X 光片隔开，隔开的宽度在 0.5cm 左右。这样，在毛细管作用下吸水纸将转移液通过凝胶吸上来，同时，将凝胶中的 DNA 转移到了杂交膜上。通常转移时间在 18~24h，期间勤换吸水纸。

3. 固定

取下膜，将杂交膜置于 2×SSC 中漂洗两次，每次 5min，于室温晾干，再取出尼龙膜，用干净的滤纸包好放入 80℃ 的烘箱中烘烤 2h，用保鲜膜包好存于 -20℃ 或直接杂交。

4. 预杂交

①取出已转好的尼龙膜，用 2×SSC 浸泡 5min。②将尼龙膜贴壁放入杂交管中，尽量赶尽气泡，加入适量 65℃ 预热的杂交液（商品化），并放于杂交炉中于 65℃ 预杂交 6h。

5. 探针的制备

吸取 3~5μL GFP 片段的 PCR 回收产物，加入 0.5μL 的 λDNA，加入 10~12μL ddH$_2$O，于沸水中煮沸 2min 使模板变性，立即放入冰中；再加入 10μL 5×

buffer，dNTP（dATP、dTTP、dGTP）各 $0.7\mu L$，小牛血清（BSA）$2\mu L$，klenow 酶 $1\mu L$，ddH_2O $18\mu L$，$2\mu L$ 用同位素标记的 dCTP，混匀后瞬时离心甩至管底，于室温（最好放在防辐射的玻璃柜中）反应 5~6h；于沸水中煮沸 10min 使其变性，后立即插入碎冰中备用。

6. 杂交

将杂交管中的预杂交液倒掉，再加入 25~30mL 新鲜的 65℃ 预热的杂交液，并小心地将已标记好的探针加入到杂交管中，盖好杂交管盖子，并放于杂交炉中于 65℃ 杂交 20~24h。

7. 洗膜

用低严谨型溶液（100mL 20×SSC+10mL 10% SDS+890mL ddH_2O）漂洗 2 次，每次 10min；再用高严谨型溶液（5mL 20×SSC+10mL 10% SDS+985mL ddH_2O）漂洗 15min；取出杂交膜，室温晾干备用。

8. 压磷屏

将杂交膜用塑料薄膜包好，与磷屏的白板接触，放于磷屏夹中，再压上重物，保持 5~12h。

9. 扫磷屏

将压好的磷屏白面朝外放入扫描仪中扫描结果。

（三）Northern 杂交步骤

1. 探针制备

Northern 检测中所用的探针制备与 Southern 杂交中探针制备相同。

2. 制胶

称取 0.9g RNA 专用琼脂糖，加入 54mL 的 DEPC ddH_2O，高温煮沸至完全溶解，于室温冷却至 50~60℃，加入 7.5mL 10×Mops，尽快混匀，再加入 13.5mL 甲醛，混匀，倒胶。

3. 被检测 RNA 的制备

$4\mu L$ 的 10×Mops，$8\mu L$ 的甲醛，$20\mu L$ 的去离子甲酰胺，加入 $8\mu L$ RNA（约 $20\mu g$），将配好的 RNA 于 85℃ 变性 15min，瞬时离心至管底，冰浴 10min，后加入 $0.2\mu L$ 上样 buffer。

4. 电泳

先将胶于 80V 电泳 10min，关闭电源，点样，先用 80V 电泳至溴酚蓝跑出点样孔，再用 40V 电泳 4~5h。

5. 转膜

①将电泳胶用 DEPC 水洗 3 次，每次 5min，切除胶的边缘及点样孔。②用

0.05mol/L NaOH 浸泡 10min，进行预变性。③用 20×SSC 浸泡 40min。④搭盐桥，转膜（转膜过程中要赶尽硝酸纤维素尼龙膜与凝胶之间的气泡）14～16h。⑤90℃烘膜 2h，放到室温后于-20℃保存备用。

6. 预杂交

①将转好的尼龙膜于 2×SSC 浸泡 5min，再放入含有 65℃预热的适量杂交液的杂交管中，于 65℃杂交 5～6h。②探针标记：取适量 PCR 产物加 ddH$_2$O 至 15μL，于 100℃变性 2min，立即放于冰上；再加入以下组分：5×buffer 10μL，dATP/dTTP/dGTP 各 0.7μL，BSA 2μL，klenow 酶 1μL，用同位素α^{32}P 标记的 dCTP 2μL，混匀，甩至管底。将上述混合物于室温放置 5～6h 至预杂交结束。将探针于 100℃煮沸 10min（目的是使 klenow 酶失活），再冰浴 10min。

7. 杂交

倒掉预杂交液，加入适量（20～30mL）于 65℃预热的杂交液，将标记好的探针加入杂交管，于 65℃杂交 20～24h。

8. 洗膜

用低严谨洗膜液洗 2 次，每次 10min，再用高严谨洗膜液洗 15min（洗膜次数和时间由信号强弱决定，当检测信号达到 200～300/s 就可以了）。

9. 压磷屏

将杂交膜用塑料薄膜包好，与磷屏的白面接触，放于磷屏夹中，压上重物，放置 5～12h。

10. 扫磷屏

用激光荧光及磷光影像仪进行扫描。

六、结果分析

1. Southern blotting 的结果分析及注意事项

可以根据杂交结果判断转基因是否成功，并且根据各泳道中信号条带的数目推测转基因的拷贝数。

在 Southern 杂交中要减小背景颜色，洗膜要充分，一般洗到膜上的本底部位的信号很弱为止；如果出现斑点背景，大多源于杂交带密封不严，或者预杂交液中含有固体颗粒或不纯物，可将预杂交液过滤灭菌及加封多层杂交带；如果杂交带拖尾即背景上有多余的条带，可能是因非特异性位点封闭不足造成，这时可增加预杂交液中鲑精 DNA 的用量；杂交液有多种配方，使用甲酰胺时采用 42℃杂交，反之多采用 68℃杂交。

2. Northern blotting 的结果分析及注意事项

通过杂交信号的强弱判断目标基因在不同条件、不同器官、不同时间的表达情况，信号越强表明基因表达量越高；反之，则表明基因表达量低。如果通过 PCR 或 Southern 法检测某植株中外源基因已经存在，但 Northern 检测法却检测不到信号，这时要分析操作中是否出现 RNA 降解，如能确保 RNA 的质量，这时要考虑该基因的表达。

七、问题与讨论

(1) 核酸探针的标记方法有哪些？

(2) 要获得好的杂交结果，需注意哪些因素？

(3) 如果放射自显影后，如 X 光片背景很黑，请分析原因及写出预防措施。

(4) 如果通过 PCR 或 Southern 法检测某植株中外源基因已经存在，但 Northern 检测却检测不到信号，分析可能的原因。

参考文献

J. 萨姆布鲁克，E. F. 弗里奇，T. 曼尼阿蒂斯，1998. 分子克隆试验指南 [M]. 北京：科学出版社.

王关林，方宏筠，1998. 植物基因工程原理与技术 [M]. 北京：科学出版社.

魏群，等，1999. 分子生物学实验指南 [M]. 北京：高等教育出版社.

吴乃虎，2000. 基因工程原理 [M]. 2 版. 北京：科学出版社.

张龙翔，等，1981. 生物化学试验方法和技术 [M]. 北京：高等教育出版社.

Tu L L, Zhang X L, Liang S G, et al., 2007. Genes expression analyses of sea-island cotton (Gossypium barbadense L.) during fiber development [J]. Plant Cell Reports, 26: 1309−1320.

2. Northern blotting 的结果分析及注意事项

通过杂交信号的强弱判断目标基因在不同条件、不同器官、不同时间的表达

情况，信号越强表明基因表达越高；反之，则表明基因表达越低。如果通过

和信号，这时要分析操作中是否出现 RNA 降解，如能确保 RNA 的质量，这时就要

考虑该基因的表达。

七、问题与讨论

实验十

极端环境土壤宏基因组 DNA 的提取

一、概述

　　微生物参与土壤生态系统的物质循环和能量流动，在调节生态系统功能和土壤生物地球化学循环过程中起着关键作用。与其他环境相比，土壤中的微生物群落有更高的物种丰度和更复杂的群落组成。1998 年，Handelsman J 等在前人研究的基础上，正式提出了宏基因组的概念，其定义为：the genomes of the total microbiota found in nature，即生境中全部微小生物遗传物质的总和。它包含了可培养的和未培养的微生物即环境样品中的所有细菌和真菌的基因。环境微生物数量巨大、种类繁多。据报道，平均每克森林土壤中含有约 $4×10^7$ 个原核细胞，每克耕地或草地土壤含有约 $2×10^9$ 个原核细胞。这些原核生物由成千上万的物种组成，为医药、工业应用及污染物的生物降解提供了宝贵的基因库。据统计，目前实验室已分离获得的微生物不到自然界总量的 1%，绝大部分微生物还未被认识和利用。随着现代分子生物学技术的飞速发展，建立起了许多不依赖微生物培养的新技术，如以 DNA 多态性为基础的指纹图谱技术，包括变性梯度凝胶电泳（DGGE）、单链构象多态性（SSCP）、末端限制片段长度多态性（T-RFLP）等。变性梯度凝胶电泳和单链构象多态性可以同时比较分析多个环境样品的微生物群落结构，但它们所产生的指纹图谱不能迅速转换成定性的分类信息，还需要经过切胶、克隆和测序等步骤。末端限制片段长度多态性具有较高的重复性、分辨率高、易于实现自动化，但无法确定微生物的种类，缺乏定性信息。微生物是土壤生态系统的重要组成部分，尤其在高山、沙漠、重盐碱等环境下，土壤微生物起着尤为重要的作用。目前，对于群落中各种群成员间的相互作用、群落的恢复力及其对环境变化的响应都缺乏足够的了解，其根本原因在于缺乏有效的技术，近年来发展起来的宏基因组学将为土壤微生物群落结构研究提供新的契机。

　　新一代测序技术能够绕过建库的过程而直接进行测序。宏基因组学的方法避免了传统微生物学中纯培养方法的限制，为研究未培养微生物、寻找新功能基因和开发获得新活性物质开辟了新途径。

二、实验目的

掌握土壤宏基因组 DNA 的提取方法，了解土壤微生物与环境、与生态的关系，熟悉土壤微生物宏基因组学的研究思路与应用前景。

三、时间表（表10-1）

表 10-1　时间表

实验内容	所需时间（h）
配制 buffer	2
土壤悬浮液	2~12
土壤宏基因组 DNA 提取	6

四、实验仪器、材料和试剂

1. 实验仪器

摇床、涡旋振荡器、1mL 移液器、0.2mL 移液器、0.02mL 移液器、恒温水浴锅、低温冷冻离心机、冰箱、电泳仪、琼脂糖凝胶电泳槽、凝胶成像仪、核酸蛋白质浓度测定仪、微波炉、紫外分光光度计、土壤宏基因组 DNA 提取试剂盒。

2. 实验材料

土壤样本。

3. 实验试剂

（1）TENS Buffer：100mM Tris；100mM EDTA；200mM NaCl；10% SDS；1% CTAB；1% PVPP；100mM PBS，pH8.0。

（2）TENP Buffer：0.5mL/L TritonX-100；50mM EDTA；200mM NaCl；1% PVPP；50mM Tris，pH8.0。

五、实验步骤

（1）取 50g 土壤样本，加 200mL TENP Buffer，涡旋振荡 10min（让管底的土壤振起来）；10 000r/min 离心 5min，倒掉上清。

（2）加入 150mL 70% 乙醇，涡旋振荡 1min（让管底的土壤振起来），10 000r/min 离心 5min，倒掉上清，并用移液枪吸尽余液。

（3）土壤中加入 100mL TENS Buffer，5~10g 石英砂，涡旋振荡 10min（让管底的土壤振起来），然后置于-80℃冷冻 30min，65℃水浴融化 30min（建议可每隔 5min 涡旋振荡 5s），12 000r/min 离心 10min，上清移至新的离心管中。

（4）上清液中加 0.4 倍体积 3mol/L 的乙酸铵，颠倒混匀 15~25 次，冰上放置 10min，室温 12 000r/min 离心 5min。

（5）取上清，加入 0.6 倍体积异丙醇，室温放置 15min，4℃，12 000r/min 离心 20min，弃上清。

（6）加入 500μL Buffer SL，涡旋震荡 1~3min，65℃水浴 20min；12 000r/min 离心 3min，上清转移至新的 1.5mL 离心管。

（7）加入等体积 Buffer SGL，颠倒混匀 15~25 次，冰上放置 5min；室温 12 000r/min 离心 5min。

（8）上清转入 Spin column DM 中（Spin column DM 事先放入 1 个 2mL collectiontube，若一次不能加完溶液，可分多次转入），12 000r/min 离心 1min，弃废液，将 Spin column DM 重新放入 2mL collection tube 中。

（9）向 Spin column DM 中加入 500μL Buffer GWS，12 000r/min 离心 1min，弃废液，将 Spin column DM 重新放入 2mL collection tube 中。

（10）向 Spin column DM 中加入 700μL Buffer GW1，12 000r/min 离心 1min，弃废液，将 Spin column DM 重新放入 2mL collection tube 中。

（11）向 Spin column DM 中加入 500μL Buffer GW2，12 000r/min 离心 1min，弃废液。

（12）将 Spin column DM 重新放入 2mL collection tube 中，最大转速离心 2min，将 Spin column DM 转入到新的 1.5mL 离心管中，打开盖子，室温放置数分钟以充分晾干。

（13）将 Spin column DM 转到新的 1.5mL 离心管中，往 Spin column DM 上加 50~100μL Buffer GE，室温放置 1min，12 000r/min 离心 1min；将离心管中的液体重新加至原来的 Spin column DM 上，室温放置 1min，12 000r/min 离心 1min，将溶液收集到离心管中，-20℃保存 DNA。

六、结果分析

通过琼脂糖凝胶电泳检测抽提的微生物基因组 DNA（图 10-1），并通过紫外分光光度计测定分析抽提的基因组 DNA 的质量。

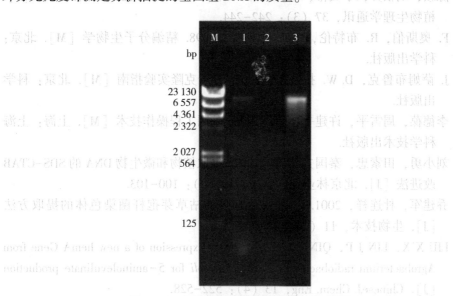

图 10-1　电泳检测土壤宏基因组 DNA 提取

七、注意事项

（1）最好使用新鲜材料，低温保存的样品材料不要反复冻融。
（2）采用有机（酚/氯仿）抽提时应充分混匀，但动作要轻柔。
（3）当沉淀时间有限时，用预冷的乙醇或异丙醇沉淀，沉淀会更充分。
（4）晾干 DNA，让乙醇充分挥发（不要过分干燥）。
（5）若长期储存建议使用 TE 缓冲液溶解。

八、思考题

（1）在实验步骤中氯仿∶异戊醇的作用是什么？
（2）如何检测和保证 DNA 的提取质量？

参考文献

岑沛霖, 蔡谨, 2000. 工业微生物学 [M]. 北京: 化学工业出版社: 6-40.

陈颖, 刘根齐, 李文彬, 等, 2001. 三种小球藻 DNA 提取方法的比较 [J]. 植物生理学通讯, 37 (3): 242-244.

F. 奥斯伯, R. 布特伦, R. E. 金斯顿, 1998. 精编分子生物学 [M]. 北京: 科学出版社.

J. 萨姆布鲁克, D. W. 拉塞尔, 2002. 分子克隆实验指南 [M]. 北京: 科学出版社.

李德葆, 周雪平, 许建平, 等, 1996. 基因工程操作技术 [M]. 上海: 上海科学技术出版社.

刘小勇, 田素忠, 秦国夫, 等, 1997. 提取植物和微生物 DNA 的 SDS-CTAB 改进法 [J]. 北京林业大学学报, 19 (3): 100-103.

乔建军, 杜连祥, 2001. 一种快速有效的枯草芽孢杆菌染色体的提取方法 [J]. 生物技术, 11 (2): 38-40.

LIU X X, LIN J P, QIN G, et al., 2005. Expression of a new hemA Gene from Agrobacterium radiobacter in *Escherichia coli* for 5-aminolevulinate production [J]. ChineseJ. Chem. Eng, 13 (4): 522-528.

实验十一

微生物基因组文库的构建

一、概述

基因组文库是用重组 DNA 技术将某种生物细胞的核 DNA 的全部片段随机地连接到基因载体上，再转移至适当的宿主细胞中，通过细胞增殖而形成的各个片段的无性繁殖系的总集。其目的在于便于纯化、贮存和广泛深入的分子生物学研究。构建重要动物品种基因组文库可以使物种的全部基因信息能够得到长期而有效的保存，是今后 10 年内实现高层次、立体式保护生物多样性及基因资源的最佳途径之一。在各种基因组 DNA 大片段文库中，细菌人工染色体文库以其插入片段大、容易回收、拷贝数低、遗传性能稳定、嵌合体少、转化效率高、操作简便且可对克隆在细菌人工染色体（bacterial artificial chromosome，BAC）的 DNA 进行直接测序等显著优势而被人们广泛利用。基因组 BAC 文库经历了 10 多年的发展，技术方法也日趋完善，目前，已有人类、猪、马、牛、绵羊、山羊、狗和鸡等动物的基因组 BAC 基因组文库都已被构建或正在构建中。这些文库的构建，为基因组学及后基因组学的研究提供了一个强有力的技术平台和资源。

构建基因文库时，一个最重要的指标就是它能在多大程度上代表起始材料，即它是否能覆盖所有原初序列。如果某些序列，如缺少限制性酶切位点的重复序列未被克隆，这样的文库就不具代表性。同样，如果文库中未能含有足量的克隆，则极有可能会丢失某些基因。文库构建过程所涉及的步骤较多，难度较大，其中的任何一处环节出现错误都会导致整个实验的失败，而且文库建成后采用行之有效的鉴定方法来验证其质量也是至关重要的。在查阅大量国内外相关资料的基础上，就 BAC 基因组文库构建过程中载体的制备、高分子量 DNA 的制备、大片段 DNA 的回收、连接与电击转化、克隆的挑取、文库质量的鉴定等重点、难点问题进行了详细的论述和分析，尤其着重介绍近几年基因组 BAC 文库构建方法上的一些关键技术的改进，对于构建高分子量插入片段、高覆盖率和稳定性的基因组文库提供理论基础与技术支撑。

二、实验目的

基因组文库的构建在物种基因组学研究、基因表达调控、基因片段分离和提取等实验中具有重要作用。与常规的分子克隆过程一样，细菌人工染色体基因组文库构建过程主要包括载体的制备（提取、线性化、碱性磷酸化处理）、基因组DNA制备、载体和基因组DNA连接、转化、鉴定等步骤。通过基因组文库构建，让学生掌握文库构建的思路、一般流程及文库的评估和应用。

三、时间表（表11-1）

表11-1　时间表

实验内容	天数（d）
配制培养基	1
接种大肠杆菌	2
收集菌体，抽提菌体的总DNA	3
对总DNA及载体进行酶切消化	4
脉冲电泳，回收酶切产物	5
将载体及酶切产物进行连接	6
转化，涂布平板	7
挑转化子	8
验证转化子	9

四、实验仪器、材料和试剂

1. 实验仪器

培养箱、超净工作台、离心机、离心管、枪头、脉冲电泳仪、电泳仪、琼脂糖凝胶电泳槽、凝胶成像仪、微波炉。

2. 实验材料

大肠杆菌、芽孢杆菌、BAC载体。

3. 实验试剂

（1）LB 培养基：1%蛋白胨，0.5%酵母粉，1%NaCl，pH 值 7.0～7.2，用于大肠杆菌和苏云金芽孢杆菌的培养。

（2）SOB 培养基：蛋白胨 20g，酵母粉 5g，NaCl 0.5g，250mmol/L KCl 10mL（1.86g KCl/100mL ddH$_2$O），调节 pH 值到 7.0，ddH$_2$O 定容至 1L，121℃ 灭菌 30min。在使用前加入 5mL 灭菌的 2mol/L MgCl$_2$（40.66g MgCl$_2$·6H$_2$O 溶解到 90mL ddH$_2$O 后定容到 100mL）121℃灭菌 30min。

（3）SOC 培养基：SOB 培养基经高压灭菌后，降温至 60℃下，加入 20mL 经灭菌的 1mol/L 葡萄糖（19.817g/100mL 115℃灭菌 15min），每次可配 100mL SOC，分装到 PA 瓶中。

（4）溶菌酶：称取 1g 溶菌酶加入 100μL 1mol/L Tris·Cl，再用灭菌去离子水补至 10mL，分装。

（5）TE Buffer：10mmol/L Tris·Cl（pH8.0），1mmol/L EDTA（pH 值 8.0），121℃灭菌 20min。

可配成母液，每次稀释使用，1mol/L Tris·Cl（pH8.0 12.11g/100mL）：取 10mL 稀释至 500mL，0.5mol/L EDTA（pH8.0 18.612g/100mL）：取 2mL 稀释至 500mL，之后将稀释后的 Tris·Cl 和 EDTA 混合均匀得 1 000mL TE。

（6）TE25S Buffer：蔗糖 102.7g，EDTA 9.306g，Tris 3.025g，混合后加入固体 NaOH 调节 pH 值至 8.0，定容至 1 000mL，121℃灭菌 15min。

（7）NDS：EDTA 93g，Tris 0.605g，十二烷基肌酸钠 5g，用 ddH$_2$O 溶解，NaOH 调 pH 值至 8.0，定容至 500mL。

（8）PMSF：首先配制 100mmol/L 母液，称取 17.4mg 的 PMSF 用 1mL 异丙醇溶解，用时稀释 1000×。

（9）蛋白酶 K：20mg/mL，用灭菌去离子水配制。用时稀释 20×，终浓度为 1mg/mL。

（10）T$_{10}$E$_{10}$缓冲液：1L，10mmol/L EDTA+10mmol/L Tris·Cl（pH8.0），母液：0.5mol/L EDTA：20mL，1mol/L Tris·Cl：10mL。

（11）5mol/L NaCl：称取 292.5g NaCl，溶解于水中，稀释至 1L。

（12）1×TAE：取 2mL 50×TAE 母液，用去离子水补足 1L。

（13）5×TBE：1L，Tris 54g+硼酸 27.5g+0.5mol/L EDTA 20mL，调节 pH 值至 8.3，用前稀释。

五、操作步骤

1. 插入片段的制备

（1）菌种活化：挑取单菌落接于5mL灭过菌的LB培养基中，30℃摇床过夜。

（2）扩大培养：次日按1%的接种量（即1mL）转接于100mL去离子水配的灭菌LB培养基中，继续放于30℃摇床摇3~4h（根据菌体生长情况而定具体时长，中途需查看一下菌体生长状态），当菌体长到用手摇一下瓶子会见到云雾状时，以10 000r/min离心1min收集菌体于干净灭过菌的50mL离心管中。

（3）菌体洗涤：收集的菌体先加1mL TE缓冲液放到振荡器上轻轻震散，然后再加约40mL（量可随意）TE缓冲液放于桌上，几分钟后以10 000r/min离心1min收集菌体。

（4）制备包埋块：先取1杯水放到微波炉里加热（约50℃即可），再将装有菌体的50mL离心管加入1.5mL的TE25S，用枪混匀后放在泡沫板中放进水中预热，然后在离心管中加入1.5mL温热的2%的胶用枪混匀后，逐一加到专门做包埋块的模子中（倾斜加入，免得产生气泡。模子要提前用温热的去离子水清洗干净，放在吸水纸上吸干水分后拿透明胶带粘好，免得露出混合液造成浪费）放于4℃冰箱中让包埋块冷凝，一般3mL混合液可做25~30块包埋块。

（5）包埋块的取出：待包埋块凝固后，用一小铲子将包埋块铲于另一灭菌的50mL离心管中（注意：包埋块很软，铲出后的小块可以贴在管壁，等很多块聚集在一起自然落下，防止包埋块跌碎）。

（6）溶菌：加5mL TE25S于离心管中（要浸过包埋块，若量少了可多加，但后面的溶菌酶也要按比例增加），再加100μL溶菌酶（100mg/mL）（TE25S含有蔗糖具有高渗透力，可以使溶菌酶作用到包埋块中的菌体上，溶菌酶的终浓度要为2mg/mL，100μL×100mg/mL /5mL＝2mg/mL），然后放进4℃冰箱过夜。

（7）去蛋白：先用约3mL NDS洗一遍包埋块，倒掉液体，再加2mL NDS，然后加入100μL蛋白酶K（20mg/mL），轻轻摇一下混匀，放于50℃水浴锅中水浴24h（刚放进去要看着点离心管以免温度升高离心管盖胀开）。

（8）去除蛋白酶活性：先用$T_{10}E_{10}$润洗一遍后，将包埋块换入另一个新灭过菌的50mL离心管中，加10mL$T_{10}E_{10}$，再加入10μL PMSF（0.1mol/L）。

（9）TE洗涤：用TE洗几次，每次1h左右（时间可长可短），最好能够过夜。

（10）预酶切：用4个灭过菌的1.5mL离心管，每管里面放入2~3块包埋块，然后做成 500μL 反应体系，每管加入 445μL 灭菌去离子水和 50μL Buffer K 或 Buffer M 及 5μL *Hind* Ⅲ（TaKaRa），轻轻摇匀后放在冰上预酶切 2～2.5 个小时。

（11）酶切检测：放入 37℃ 水浴锅或 37℃ 温箱中，掌握每管酶切时间，可设 20min、30min、40min 等几个不同的时间（根据菌株和回收片断大小不同，时间也不同，需自己摸索，这个时间一定要严格控制，为了最后一起取出酶切产物，可在跑胶前 40min、30min、20min 分别放于 37℃ 水浴中反应）。

（12）酶切终止：酶切结束后快速在每管中加入 0.5mol/L EDTA（pH 值 8.0）10μL 放在冰上终止反应（此步也可省略）。

2. 跑脉冲电泳

（1）缓冲液的配制：用去离子水配制 2L 0.5×TBE 即 200mL 5×TBE＋1800mL 去离子水（去离子水不用灭菌，取出其中的 100mL 用来配胶）。

（2）胶的配制：称 1g 琼脂糖胶加入 100mL 0.5×TBE（溶胶后冬天不要直接将瓶子放在桌面上，因为易冷凝，应放在一个不导热的枪头盒上）。

（3）制胶和摆包埋块：把脉冲电泳小槽及梳子用自来水和去离子水洗干净，然后摆包埋块。

（4）倒胶：胶不能太冷也不能太热，太热会把包埋块冲开且易把梳子烫坏，太冷了胶会凝，倒胶的时候速度要缓慢。待胶凝后，会有泛蓝的感觉，拔掉梳子，包埋块即留在胶中。

（5）进行脉冲电泳：先将电泳仪中的液体残留缓冲液放出，用新配的 0.5×TBE 润洗一下，再将 0.5×TBE 加入其中。

电泳参数：预冷到 14℃

起始转换时间（Initial Switch Time）：1s

最终转换时间（Final Switch Time）：25s

电泳时间（Run time）：18h

电场强度（Volts/cm）：6.0

脉冲夹角（Included angle）：120°

（6）切胶：电泳结束后将胶对照的部分切下来放入 EB 中染胶，然后在要的大小地方切个口子做个记号，用牙签做对照，将剩下没有照的胶进行盲切，切下的胶准备电洗脱。

3. 透析袋回收

（1）缓冲液：配 1L 1×TAE，20mL 50×TAE＋980mL 去离子水（去离子水不

必灭菌)。

(2) 透析袋的处理：如果用的是新的透析袋则直接放在热的去离子水中泡一下。如果用的是旧的透析袋则在 2% （m/v）NaHCO$_3$ 和 1mmol/L EDTA （pH8.0）中煮沸 10min，再将透析袋置 1mmol/L EDTA 中煮沸 10min。

(3) 操作：把透析袋一边用夹子夹起来，左手托住夹好的透析袋，用枪向透析袋中灌满 1×TAE，确定其不漏，把盲切出的那条胶放进灌满 TAE 的透析袋中，将 TAE 倒出，注意不要有气泡，将另一头夹紧，袋里残留的液体尽可能地少，以免稀释 DNA，胶要贴在袋的一壁。

(4) 电泳：120V，2~2.5h，反向 30~40s。

(5) 洗涤：关掉电源后，从电泳槽中取出透析袋，轻揉胶块，挤出胶块后，将袋子再用夹子重新夹好，放入去离子水中浸泡过夜，期间换几次去离子水。

(6) 打开袋子一端，用枪吸出袋里的液体。这些液体若要长期保存可加入 50% 灭菌甘油放于 -70℃ 冰箱（DNA 体积：50% 甘油 = 2：1）。如果短期使用可取出部分放在 -20℃ 冰箱里保存。

4. 载体的制备

(1) 单拷贝载体：抽好的质粒直接酶切然后用酚抽一遍，吸出的液体中加入 3mol/L 乙酸钠，终浓度是 0.3mol/L，再用无水乙醇沉淀 10min，70% 酒精洗一遍后烘干，加入灭菌去离子水 20~30μL，然后加入 1~2μL RNA 酶（20mg/mL）（加入乙酸钠的作用是 DNA 在一定盐离子环境中容易沉淀）。

(2) 多拷贝载体：酶切后对需要的片断进行盲切后再跑透析袋电泳回收，回收后的液体如果过于稀释可以再加入乙酸钠后用无水乙醇沉淀 10min，然后 70% 乙醇洗涤一次，再烘干加入灭菌去离子水 20~30μL。

5. 连接

摩尔比为外源基因：载体 = 10：1。

先将外源与载体混合物置于 65℃ 水浴中 10~15min，以使大片段充分伸展，冷却至室温后加入连接 Buffer 和酶，16℃ 过夜。

6. 除盐

在 500μL 离心管中加入溶好的 0.1mol/L 葡萄糖 +1% 包埋块胶（即取 500μL 1mol/L 葡萄糖加入到 4.5mL 去离子水，再加入 0.05g 琼脂糖），然后插入另一个新的 500μL 离心管，冷凝后拔出上面的离心管，将其放在紫外灯下晾干水分后，将连接产物加进小窝窝中，放于冰上 2~6h 不等（时间可长可短）。经过上述处理的连接产物可放在4℃存放不超过10d。

7. 大肠杆菌电转感受态制备

（1）接单菌落于5mL灭菌LB中37℃摇过夜。

（2）1%接种量转接于100mL灭菌LB中，共做2瓶即200mL，37℃摇床长4h左右至云雾状，可稍微浓点。

（3）超净工作台上操作下面的步骤：提前将灭菌去离子水和灭菌10%甘油放在冰中预冷，4 000r/min离心5min收集菌体，然后先加入一点去离子水轻轻晃匀菌体，再加去离子水洗涤，再4 000r/min离心5min收集菌体。这样去离子水洗两遍后，再用10%甘油洗2次，之后倒出上清液，留下的液体轻轻晃匀后即可分装放于-70℃冰箱保存，可涂板验证一下有没有污染。

8. 电转化

（1）电击：用3kV的电压，电转仪选用Ec3程序，电转杯最好预冷，电转槽放在冰上预冷，连接产物最好少加，免得击破电转杯，电转杯用的是0.2cm直径。

（2）恢复培养：电击后电转杯不放在冰上，快速加入800μL SOC，37℃摇床200r/min培养1h，10 000r/min离心1min，剩200μL菌液涂Cm平板，加入X-gal和IPTG。

（3）37℃温箱倒置培养2~3d，看是否有转化子长出。

9. 转化子验证

阳性转化子验证可通过抽质粒酶切，也可通过PCR或者其他方法。

六、结果分析

通过脉冲电泳检测抽提的微生物基因组DNA，并通过紫外分光光度计测定分析抽提的基因组DNA的质量。经限制性内切酶消化过的总DNA利用脉冲电泳检测微生物基因组DNA的酶切谱图。检测感受态细胞的转化效率。

七、注意事项

（1）专门做包埋块的低熔点胶称取0.1g溶于5mL TE25S中，最好现做现用。

（2）Buffer K 的活性比 Buffer M 强，可能会导致酶切过度，不好控制，当用 Buffer M 切不动时，可改用 Buffer K。预酶切的作用：可使 Buffer 充分渗入包埋块，放在冰上是使一些其他杂酶不会在 Buffer 的环境中发挥活性而影响正常酶切。

（3）NDS 中的十二烷基肌酸钠与蛋白酶 K 分别可以使蛋白变性和失活，蛋白酶 K 的终浓度应为 2mg/mL，但鉴于蛋白酶 K 有些贵，所以，1mg/mL 也可，只要多作用些时间，效果一样。$20mg/mL \times 100\mu L \times 10^{-3}/2mL = 1mg/mL$。

（4）蛋白酶抑制剂，终浓度应为 0.1mmol/L，$10\mu L \times 10^{-6} \times 0.1mol/L/10\mu L \times 10^{-3} = 0.1mmol/L$，室温下作用 2~3 次即换新鲜的 $T_{10}E_{10}$ 和 PMSF 2~3 次，每次 1h 左右。

（5）$T_{10}E_{10}$ 中 EDTA 浓度很高，EDTA 为螯合剂，使 DNA 不易降解，PMSF 即苯甲基磺酰氟，可抑制丝氨酸蛋白酶如糜蛋白酶、凝血酶和木瓜蛋白酶，由于 PMSF 的浓度仅为 0.1mmol/L，故对后续实验无影响。取 PMSF 时要戴手套，因为有神经毒性。

（6）TE 作用：下步要做酶切，TE 中 EDTA 浓度没有 $T_{10}E_{10}$ 那么高，所以，可以把 EDTA 稀释，不致影响后续工作。

（7）在进行酶切时，包埋块可以放在 TE 中于 4℃ 冰箱保存，只取几管做酶切用来确定最佳酶切时间。因为这块脉冲胶只用来染胶、照胶、检测，而不回收，剩下的包埋块才是用来真正回收，取其中两块不切只做对照，其他的切。如果怕 DNA 降解可以将包埋块浸入 $T_{10}E_{10}$ 中，用之前再用 TE 洗，而且此时要预约脉冲电泳仪。

（8）在凝胶成像仪成像前先要在桌面上铺两层报纸，然后放保险膜或手套在上面，将胶放在上面操作，以免 EB 和其他东西污染。操作过程中要小心，不要将 EB 搞得到处都是。

八、思考题

（1）目的基因的概念。
（2）基因文库的概念及构建基因文库的基本程序。
（3）基因组文库的概念及操作步骤。
（4）基因组文库构建的优缺点。

参考文献

奥斯伯 F M，金斯顿 R E，塞德曼 J G，等，1998. 精编分子生物学 [M].

北京：北京科学出版社.

常玉广，马放，郭静波，2007. 絮凝基因的克隆及其絮凝机理分析 [J]. 环境科学，28（12）：2849-2855.

常玉广，马放，郭静波，2007. 絮凝基因的克隆及其絮凝形态表征 [J]. 高等学校化学学报，28（9）：1685-1689.

何宁，李寅，陆茂林，等，2001. 生物絮凝剂的絮凝条件 [J]. 无锡轻工大学学报，20（3）：248-251.

李兆龙，虞杏英，1991. 微生物絮凝剂 [J]. 上海环境科学，10（9）：45-46.

任海霞，王三英，2006. WP2 深海细菌基因组文库的构建和克隆子测序比对分析 [J]. 厦门大学学报（自然科学版），45：184-189.

萨姆布鲁克 J，拉塞尔 D W，2002. 分子克隆实验指南 [M]. 3 版. 北京：科学出版社.

石君，刘正初，成莉凤，等，2008. 欧文氏杆菌 CXJZ11-0 基因组文库的构建 [J]. 湖北农业科学，6（47）：619-621.

BIRGIT V, CHRISTINA H, SILKE S, et al., 2004. The complete genome sequence of Bacillus licheniformis DSM13 an organism with great industria l potential [J]. Journal of Molecular Microbiology and Biotechnology, 7: 204-211.

LEI C X, FAN C S, DUAN F H, 1996. Construction of shuttle expression vector and breeding of genetic engineered strains for L-phenylalanine [J]. Progress in Natural Science (2): 243-247.

OSAMU K, HISAKO S, TAKESHI O, 1996. Molecular cloning and analysis of the dominant flo cculation gene FLO from *Saccharomy ces cerev isiae* [J]. Mol Gen Genet, 251: 707-715.

SHIH I L, VAN Y T, YEH L C, 2001. Production of a biopolymer flocculant from *Bacillus licheni formis* and its flocculation properties [J]. Bioresource Technology, 78: 267-272.

YAMASHITA I, FUKUI S, 1984. Isolation of glucoamy lase non-producing mutants in the yeast Saccharomyces diastaticus [J]. Agricultural and Biological Chemistry, 48 (1): 131-135.

实验十二

RACE 技术克隆荒漠植物基因的 cDNA 全长

一、概述

cDNA 末端快速扩增（rapid amplification of cDNA ends，RACE）技术是一种基于 mRNA 反转录和 PCR 技术建立起来的，以部分已知区域序列为起点，扩增基因转录本的未知区域，从而获得 mRNA（cDNA）完整序列的方法，又被称为锚定 PCR（anchored PCR）和单边 PCR。简单地说，就是一种从低丰度转录本中快速增长 cDNA5′和 cDNA3′末端，进而获得全长 cDNA 简单而有效的方法，该方法具有快捷、方便、高效等优点，可同时获得多个转录本。因此，近年来 RACE 技术已逐渐取代了经典的 cDNA 文库筛选技术，成为克隆全长 cDNA 序列的常用手段。经典的 RACE 技术是由 Frohman 等（1988）发明的一项技术，主要通过 RT-PCR 技术由已知部分 cDNA 序列来得到完整的 cDNA 的 5′和 3′端，包括单边 PCR 和锚定 PCR。该技术提出以来经过不断发展和完善，克服了早期技术步骤多、时间长、特异性差的缺点。对传统 RACE 技术的改进主要是引物设计及 RT-PCR 技术的改进：改进之一是利用锁定引物（lock docking primer）合成第一链 cDNA，即在 oligo（dT）引物的 3′端引入两个简并的核苷酸 [5′-Oligo（dT）16-30MN-3′，M＝A/G/C；N＝A/G/C/T]，使引物定位在 poly（A）尾的起始点，从而消除了在合成第一条 cDNA 链时 oligo（dT）与 poly（A）尾的任何部位的结合所带来的影响；改进之二是在 5′端加尾时，采用 poly（C），而不是 poly（A）；改进之三是采用 RNase H-莫洛尼氏鼠白血病毒（MMLV）反转录酶或选择嗜热 DNA 聚合酶可在高温（60~70℃）有效地逆转录 mRNA，从而消除了 5′端由于高 CC 含量导致的 mRNA 二级结构对逆转录的影响；改进之四是采用热启动 PCR（hot start PCR）技术和降落 PCR（touch down PCR）提高 PCR 反应的特异性。

随着 RACE 技术日益完善，目前已有商业化 RACE 技术产品推出，如 CLON-TECH 的 Marathon™技术和 SMART™ RACE 技术。邢桂春等先后使用上述两种试剂盒进行 RACE 反应，结果发现使用 Marathon™所得到的片断总是比采用 SMAR-

T™ RACE 试剂盒到所得到的片断短。其原因在于 Marathon™技术反转录反应往往不能真正达到 mRNA 的 5′ 末端。因此，SMART™ RACE 试剂盒成为人们进行 RACE 反应的首选。以下就国内目前应用最广的 SMART™ RACE 试剂盒为例，简要概述 RACE 技术的原理和操作过程。

1. SMARTTM 3′-RACE 原理（图 12-1）

利用 mRNA 的 3′ 末端的 poly（A）尾巴作为一个引物结合位点，以连有 SMART 寡核苷酸序列通用接头引物的 Oligo（dT）30MN 作为锁定引物反转录合成标准第一链 cDNA。然后用一个基因特异引物 GSP1（gene specific primer，GSP）作为上游引物，用一个含有部分接头序列的通用引物 UPM（universal primer，UPM）作为下游引物，以 cDNA 第一链为模板，进行 PCR 循环，把目的基因 3′ 末端的 DNA 片段扩增出来。

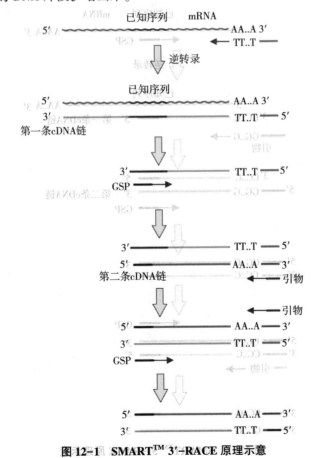

图 12-1 SMART™ 3′-RACE 原理示意

2. SMART™ 5′-RACE 原理

先利用 mRNA 的 3′末端的 poly（A）尾巴作为一个引物结合位点，以 Oligo（dT）30MN 作为锁定引物在反转录酶 MMLV 作用下，反转录合成标准第一链 cDNA。利用该反转录酶具有的末端转移酶活性，在反转录达到第一链的 5′末端时自动加上 3~5 个（dC）残基，退火后（dC）残基与含有 SMART 寡核苷酸序列 Oligo（dG）通用接头引物配对后，转换为以 SMART 序列为模板继续延伸而连上通用接头（图 12-2）。然后用一个含有部分接头序列的通用引物 UPM（universal primer，UPM）作为上游引物，用一个基因特异引物 2（GSP 2 genespecific primer，GSP）作为下游引物，以 SMART 第一链 cDNA 为模板，进行 PCR 循环，把目的基因 5′末端的 cDNA 片段扩增出来。

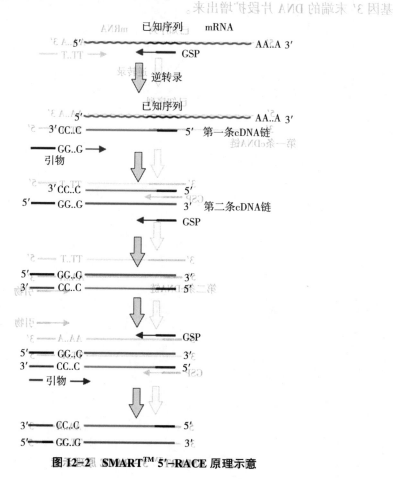

图 12-2　SMART™ 5′-RACE 原理示意

最终，从 2 个有相互重叠序列的 3′/5′-RACE 产物中获得全长 cDNA，或者通过分析 RACE 产物的 3′ 和 5′ 端序列，合成相应引物扩增出全长 cDNA。

实验中发现，做 RACE 反应实验实际操作中仍存在不少困难。因此，对 RACE 反应条件进行反复摸索是十分必要的，理由如下。

第一，在 5′-RACE 包含了有 3 个连续的酶反应步骤（反转录、同聚物加尾和 PCR 扩增），每一步都可能导致失败。

第二，扩增 DNA 末端的特异性完全依赖锚定引物及扩增 DNA 模板样品的不均一性，因而特异性一般很低，X 光片常呈现不清晰的成片条带或截短的产物背景。因此，使用 RACE 技术扩增得到的特异末端片段，所获得的重组克隆最好能够全部测序，以排除 RACE 实验结果中扩增产物假阳性和假阴性，最终有可能获得新基因的全序列。

二、实验目的

掌握 RACE 技术克隆基因全长 cDNA 的原理及意义，掌握 RACE 试剂盒的使用，熟悉 RACE 模板制备的流程及关键步骤。

三、时间表（表 12-1）

表 12-1　实验所需时间

实验项目	所需时间
RACE 模板制备	1d
5′端扩增	5h
3′端扩增	5h
克隆、转化、阳性筛选	2d
测序	3d
序列分析、设计引物	1d
引物合成	3d
PCR 扩增获得目的基因 cDNA 全长并测序	4d

四、实验仪器、材料和试剂

1. 实验仪器

超净工作台、高速低温离心机、水浴锅、PCR 仪、电泳仪、凝胶成像仪。

2. 实验材料

高质量的 RNA。

3. 实验试剂

RACE 试剂盒。

五、实验步骤

(一) 3′、5′-RACE 模板的制备

(1) 建立 cDNA 第一链的合成反应体系 (其中总 RNA 或 poly A+RNA 的量约 1μg 反转录为佳)。

试剂盒中提供了 Control Human Placental Total RNA 作为阳性对照, 可以在反应体系中加入 1μL, 在后续的 PCR 中可以 Control Human Placental Total RNA 的 cDNAs 进行阳性对照, 本对照将有助于我们确认后续 PCR 扩增不出的问题是发生在 RACE PCR 还是 cDNA。

如果制备的是 5′-RACE 模板, 按下表 12-2 的组分建立反应体系, 如果准备的是 3′-RACE, 则将表中 5′-CDS primer 换成 3′-CDS primer, 同时去掉 BD SMART Ⅱ A oligo 试剂, 其他组分相同, 不足 10μL 的体积用 RNase free 的 ddH₂O 补平即可。

表 12-2　合成 cDNA 第一链的反应体系的建立

组分	体积 (μL)
RNA	2.0~3.0
5′-CDS primer	1.0
BD SMART Ⅱ A oligo	1.0
Total Volume	4.0

(2) 小心混匀管内组分, 短暂离心使所有组分聚集在管底。

(3) 在 PCR 仪上 72℃温育 3min, 迅速在冰上冷却 2min, 短暂离心使所有组分聚集在管底, 于反应管中加入以下试剂。

续表 12-2　合成 cDNA 第一链的反应体系的建立

组分	体积（μL）
5×First-strand Buffer	2.0
dNTP Mix	1.0
DTT	1.0
BD PowerScript Reverse Transcriptase	1.0

（4）小心混匀管内组分，短暂离心使所有组分聚集在管底，于 PCR 仪上42℃温育 90min。

（5）在 PCR 仪上 72℃加热 7min，迅速在冰上冷却 2min。

（6）用 Tricine- EDTA Buffer 稀释上述反应产物。

若总 RNA ≤ 200ng，加 20μL Tricine－EDTA buffer，若 RNA ≥ 200ng，加100μL，若是 PolyA RNA，加250μL 来稀释，所得溶液于-20℃可以保存 3 个月。至此，已经得到了 3′、5′-RACE 的 cDNA 模板。

（二）cDNA 末端的快速扩增

1. 阳性对照试验

（1）用来自 Control Human Placental Total RNA 的 cDNAs 进行阳性对照实验，于 PCR 管中建立以下 PCR 反应体系。

表 12-3　阳性对照的 PCR 反应体系的建立

PCR 反应组分	体积（μL）
PCR 纯度的 ddH$_2$O	34.5
10×BD Advantage 2 PCR Buffer	5.0
dNTP Mix	1.0
50×BD Advantage 2 Polymerase Mix	1.0
Total	41.5

涡旋混匀上述溶液，短暂离心使所有组分聚集在管底，再按以下表格加入各种组分。

续表 12-3　阳性对照的 PCR 反应体系的建立　（μL）

组分	1 5′-RACE Control	2 3′-RACE Control	3 Internal Control （5′ cDNA）	4 Internal Control （3′ cDNA）
Control 5′-RACE Ready cDNA	2.5		2.5	

续表 12-2　合成 cDNA 第一链的反应体系的建立　　　　　　　（续表）

组分　　　　　体积（μL）	1 5'-RACE Control	2 3'-RACE Control	3 Internal Control （5' cDNA）	4 Internal Control （3' cDNA）
Control 3'-RACE Ready cDNA	—	2.5	—	2.5
5'-RACE TRF Primer（10μM）	1	—	1	—
3'-RACE TRF Primer（10μM）	—	1	1	1
UPM（10×）	5	5	5	5
H₂O			4.5	4.5
Master Mix	41.5	41.5	41.5	41.5
终体积	50	50	50	50

（2）轻轻混匀上述溶液，短暂离心使所有组分聚集在管底，于每个反应管中加入 1 滴矿物油，使溶液完全覆盖，盖好盖子。如果使用热循环仪可以不加矿物油。

（3）按下列参数启动降落 PCR，PCR 参数见下表 12-4。

表 12-4　阳性对照 PCR 的循环参数

第一阶段 5 cycle		第二阶段 5 cycle		第三阶段 27 cycle	
94℃	30s	94℃	30s	94℃	30s
72℃	3min	70℃	30s	68℃	30s
		72℃	3min	72℃	3min

（4）每个反应取 5μL 样品，用 1.2% 的琼脂糖凝胶电泳检测，剩余样品保存于 -20℃ 备用。理想的反应结果参照试剂盒说明书的电泳图。一定要在阳性对照反应低于 42 个循环次数内产生明显的单条正确的条带后，才能进行特异产物的扩增。

2. 目的基因 cDNA 末端的快速扩增

试剂盒中提供了 Nested Universal Primer A（NUP），但在 BD SMART RACE 反应中不一定要进行巢式 PCR。

（1）PCR 反应体系的建立（表 12-5）

表 12-5　目的基因 cDNA 末端扩增的 PCR 反应体系的建立

PCR 反应组分	体积（μL）
PCR 纯度的 ddH$_2$O	34.5
10×BD Advantage 2 PCR Buffer	5.0
dNTP Mix	1.0
50×BD Advantage 2 Polymerase Mix	1.0
合计	41.5

（2）轻轻混匀上述溶液，短暂离心使所有组分聚集在管底。

对于 5′-RACE，按下表准备 PCR 反应。

续表 12-5　目的基因 5′端 cDNA 扩增的 PCR 反应体系的建立　　　　　　　（μL）

组分	1 5′-RACE Sample	2 5′-TRF * （+Control）	3 GSP 1+2# （+Control）	4 UPM only （−Control）	5 GSP1 only （−Control）
5′-RACE Ready cDNA	2.5	2.5	2.5	2.5	2.5
UPM（10×）	5	5	—	—	—
GSP1（10μM）	1	—	1	—	1
GSP2（10μM）	—	—	—	—	—
Control 5′-RACE TRF Primer （10μM）	—	1	—	—	—
H$_2$O	—	—	4.0	1.0	5
Master Mix	41.5	41.5	41.5	41.5	41.5
终体积	50	50	50	50	50

＊如果 RNA 是非人类的，可以跳过此步；#如果特异引物不产生重叠可以跳过此步。

（3）轻轻混匀上述溶液，短暂离心使所有组分聚集在管底，于每个反应管中加入 1 滴矿物油，使溶液完全覆盖，盖好盖子。如果使用热循环仪可以不加矿物油。

（4）按表 12-4 的参数启动降落 PCR。第三阶段的循环次数可在 20~27 次；如果扩增的片段长度>3kb，则每增加 1kb 延伸时间需延长 1min。

3. RACE 产物的鉴定

RACE 产物的鉴定可用以下 3 种方法：对比用 GSPs 和 NGSPs 得到的 RACE 产物；Southern blotting；克隆测序法。本实验中 RACE 产物的鉴定用克隆和测序的方法进行鉴定，具体步骤如下。

（1）用 DNA 回收试剂盒进行 RACE 产物的回收和纯化，利用 T/A 克隆将目的片段克隆到 T 载体上，转化大肠杆菌感受态细胞。

（2）先用菌落 PCR 鉴定阳性转化子，将至少 8 ~ 10 个有目的片段的克隆送样测序。

（3）对测序结果进行分析后，再根据 cDNA 的 5′和 3′末端设计引物，以用于 5′-RACE 的 cDNA 为模板，进行长距离 PCR 扩增。

（4）扩增片段重复上述（1）至（3）步，选择正确的扩增序列，进行 Blast 比对，确定基因后再进行后续操作。

六、结果分析

通过上述步骤，利用琼脂糖凝胶电泳和测序技术，结合已知区域及 NCBI 数据库中的 BLAST 序列比对，可最终获得目标基因，为下一步研究目标基因的功能及进一步应用奠定了基础。

七、思考题

查阅文献，找出引起 PCR 无理想条带的可能原因或步骤？该如何避免？

参考文献

Clontech 公司的 RACE 试剂盒使用说明书。

实验十三

Genome Walking 技术克隆荒漠植物特异基因的调控序列

一、概述

染色体步移技术（genome walking）是一种重要的分子生物学研究技术，使用这种技术可以有效获取与已知序列相邻的未知序列。染色体步移技术的应用：①根据已知的基因或分子标记连续步移，获取人、动物和植物的重要调控基因，可以用于研究结构基因的表达调控，如分离克隆启动子并对其功能进行研究；②通过染色体步移技术获取新物种中基因的非保守区域，从而获得完整的基因序列；③鉴定 T-DNA 或转座子的插入位点，鉴定基因枪转基因法等转基因技术所导致的外源基因的插入位点等；④用于染色体测序工作中的空隙填补，获得完整的基因组序列；⑤用于人工染色体 PAC、YAC 和 BAC 的片段搭接。

对于基因组测序已经完成的少数物种（如人、小鼠、线虫、水稻、拟南芥等）来说，可以轻松地从数据库中找到某物种已知序列的侧翼序列。但是，对于大多数生物而言，在不了解其基因组序列以前，想要知道一个已知区域两侧的 DNA 序列，只能采用染色体步移技术。

以 PCR 技术为基础的染色体步移的主要问题是在预先不了解未知区域序列信息的情况下，如何设计两个特异性引物来扩增未知区域。而传统的染色体步移方法，如反向 PCR 法、连接接头法等，都有操作复杂、非特异性扩增、连接效率低等弊端。而 Genome Walking 技术是一种根据已知基因组 DNA 序列，高效获取侧翼未知序列的技术。相对于其他传统方法，本技术具有高效、简便、特异性高、灵敏度高、一次性获得的未知序列较长等特点。其主要原理是根据已知 DNA 序列，分别设计三条同向且退火温度较高的特异性引物（SP Primer），与试剂盒中提供的 4 种经过独特设计的退火温度较低的兼并引物，即 AP1、AP2、AP3、AP4 进行热不对称 PCR 反应。通常情况下，其中至少有一种兼并引物可以与特异性引物之间利用退火温度的差异进行热不对称 PCR 反应，通过 3 次巢式 PCR 反应即可获取已知序列的侧翼序列。如果一次实验获取的长度不能满足实验要求时，还可以根据第一次步移获取的序列信息继续进行侧翼序列获取。此外，大多数公司的试剂盒中还含有 Control DNA 及 Control Primer，可以方便进行 Control 实验。本实验以荒漠植物为例，克隆抗逆相关基因的启动子。

Genome walking 技术中未知序列的引物设计原理见图 13-1。

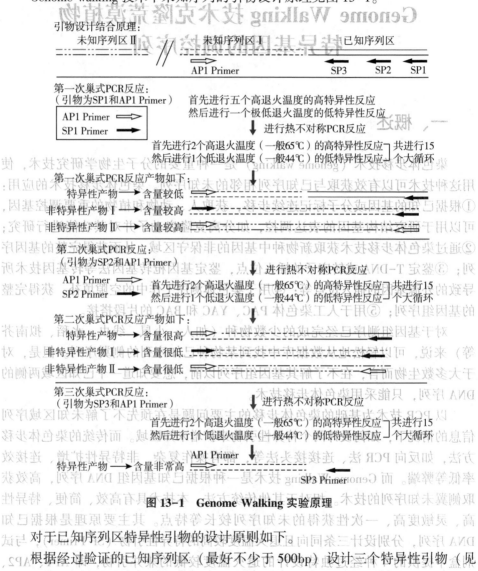

图 13-1　Genome Walking 实验原理

对于已知序列区特异性引物的设计原则如下。

根据经过验证的已知序列区（最好不少于 500bp）设计三个特异性引物（见图 13-2），设计方向为需要扩增的未知区域方向，SP2 的位置应设计在 SP1 的内侧，SP3 位于 SP2 的内侧。每两个引物之间的距离没有严格规定，一般以 60~100bp 为宜。引物设计原则：引物的长度为 22~26nt，GC 含量 45%~55%，T_m

值 60~70℃，其他要求和普通 PCR 反应用引物相同。

特异性引物设计示意图（以获取5′序列为例）
未知区域
已知序列区
5′
3′
AP Primer Binding Site
3′
5′
SP3
SP2
SP1
特异性引物

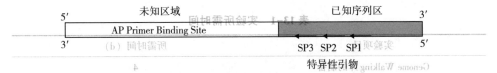

图 13-2　Genome Walking 特异性引物设计示意

利用 Genome Walking 技术扩增 DNA 已知序列的未知侧翼区的操作流程见图 13-3。

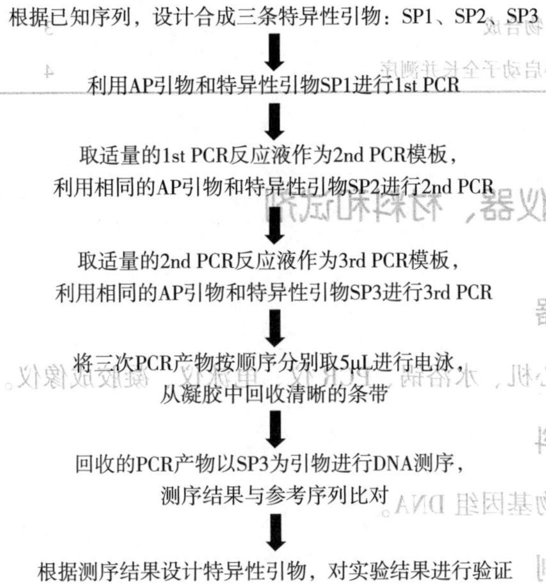

根据已知序列，设计合成三条特异性引物：SP1、SP2、SP3
利用AP引物和特异性引物SP1进行1st PCR
取适量的1st PCR反应液作为2nd PCR模板，
利用相同的AP引物和特异性引物SP2进行2nd PCR
取适量的2nd PCR反应液作为3rd PCR模板，
利用相同的AP引物和特异性引物SP3进行3rd PCR
将三次PCR产物按顺序分别取5μL进行电泳，
从凝胶中回收清晰的条带
回收的PCR产物以SP3为引物进行DNA测序，
测序结果与参考序列比对
根据测序结果设计特异性引物，对实验结果进行验证

图 13-3　Genome Walking 操作流程

二、实验目的

掌握 Genome Walking 技术克隆启动子的原理及意义，掌握 Genome Walking 试剂盒的使用，熟悉 Genome Walking 库制备的流程及关键步骤。

三、时间表（表13-1）

表 13-1　实验所需时间

实验项目	所需时间（d）
Genome Walking 库的制备	4
PCR 扩增	1
克隆、转化、阳性筛选	2
测序	3
序列分析、设计引物	1
引物合成	3
PCR 扩增获得启动子全长并测序	4

四、实验仪器、材料和试剂

1. 实验仪器

高速低温离心机、水浴锅、PCR 仪、电泳仪、凝胶成像仪。

2. 实验材料

高质量的生物基因组 DNA。

3. 实验试剂

Genome Walking 试剂盒、植物基因组 DNA 提取试剂、PCR 试剂盒、DNA 回收试剂盒、T 载体快速连接试剂盒。

五、实验步骤

1. 荒漠植物基因组 DNA 的提取

基因组 DNA 的质量是侧翼序列获取成功与否的关键因素之一。基因组 DNA 的提取方法见实验六，对所提取的 DNA 要经过充分纯化，最终以完整的基因组

DNA 为模板进行以下操作。此外，由于本方法灵敏度极高，切记模板 DNA 一定不要污染，所需的 DNA 量不要少于 $3\mu g$。

2. 已知序列的验证

在进行 PCR 实验之前必须对已知序列进行验证，以确认已知序列的正确性。具体方法为：根据已知序列设计特异性引物（扩增长度最好不少于 500bp），对模板进行 PCR 扩增，然后对 PCR 产物进行测序，再与参考序列比较确认已知序列的正确性。

3. 特异性引物的设计

根据验证的已知序列，按照前述的特异性引物设计原则设计 3 条特异性引物，即：SP1、SP2、SP3。

4. PCR 扩增未知区域

（1）第一轮 PCR 反应

基因组 DNA 经 OD 测定准确定量后，取适量作为模板（不同物种的最佳反应 DNA 量并不相同，实际用量参考下面的注释 *1），以 AP Primer（四种中的任意一种，以下以 AP1 Primer 为例）作为上游引物，SP1 Primer 为下游引物，进行第一轮 PCR 反应。

① 按下列组分配制第一轮 PCR 反应液（表 13-2）。

表 13-2　Genome Walking 扩增启动子等未知区域的第一轮 PCR 反应

组分	体积（μL）
Template（基因组 DNA）	$0.1\sim1\mu g$
dNTP Mixture（2.5mM each）	8
10×LA PCR Buffer Ⅱ（Mg^{2+} plus）	5
TaKaRa LA Taq（5 U/μL）	0.5
AP1 Primer（100 pmol/μL）	1
SP1 Primer（10 pmol/μL）	1
ddH$_2$O	Up to 50μL

② 第一轮 PCR 反应条件如下：

94℃	1min	
98℃	1min	
94℃	30sec	
60~68℃*2	1min	} 5Cycles
72℃	2~4min*3	

94℃	30s; 25℃	3min; 72℃	2~4min*3	
94℃	30s; 60~68℃*2	1min; 72℃	2~4min*3	
94℃	30s; 60~68℃*2	1min; 72℃	2~4min*3	} 15Cycles
94℃	30s; 44℃	1min; 72℃	2~4min*3	
72℃	10min			

（2）第二轮 PCR 反应

将第一轮 PCR 反应液稀释 1~1 000 倍后，取 1μL 作为第二轮 PCR 反应的模板，以 AP1 Primer 为上游引物，SP2 Primer 为下游引物，进行第二轮 PCR 反应。

① 按下列组分配制第二轮 PCR 反应液（表 13-3）。

表 13-3　Genome Walking 扩增启动子等未知区域的第二轮 PCR 反应

Template（1st PCR 反应液）	1μL*4
dNTP Mixture（2.5mM each）	8μL
10×LA PCR Buffer Ⅱ（Mg²⁺ plus）	5μL
TaKaRa LA Taq（5 U/μL）	0.5μL
AP1 Primer（100 pmol/μL）	1μL
SP2 Primer（10 pmol/μL）	1μL
ddH₂O	Up to 50μL

② 第二轮 PCR 反应条件如下：

94℃	30s;	60~68℃	1min*2;	72℃ 2~4min*3
94℃	30s;	60~68℃	1min*2;	72℃ 2~4min*3 } 15Cycles
94℃	30s;	44℃	1min;	72℃ 2~4min*3
72℃	10min			

（3）第三轮 PCR 反应

将第二轮 PCR 反应液稀释 1~1 000 倍后，取 1μL 作为 3rd PCR 反应的模板，以 AP1 Primer 为上游引物，SP3 Primer 为下游引物，进行 3rd PCR 反应。

① 按下列组分配制第三轮 PCR 反应液（表 13-4）。

表 13-4　Genome Walking 扩增启动子等未知区域的第三轮 PCR 反应

Template（2nd PCR 反应液）	1μL * 4
dNTP Mixture（2.5mM each）	8μL
10×LA PCR Buffer Ⅱ（Mg²⁺ plus）	5μL
TaKaRa LA Taq（5 U/μL）	0.5μL
AP1 Primer（100 pmol/μL）	1μL
SP3 Primer（10 pmol/μL）	1μL
ddH₂O	Up to 50μL

② 第三轮 PCR 反应条件如下：

94℃	30s；	60～68℃*2	1min；	72℃	2～4min*3
94℃	30s；	60～68℃*2	1min；	72℃	2～4min*3
94℃	30s；	44℃	1min；	72℃	2～4min*3
72℃	10min				

（第二行和第三行合并）15Cycles

5. PCR 反应产物的检测

取第一、二、三轮 PCR 反应液各 5μL，使用 1% 的琼脂糖凝胶进行电泳。

6. PCR 产物的回收

切胶回收清晰的电泳条带，以 SP3 Primer 为引物对 PCR 产物进行 DNA 测序。

注释：

*1 不同物种基因组 DNA 模板的使用量有不同的要求，具体见表 13-5。

表 13-5　Genome Walking 扩增启动子等的第一轮 PCR 反应体系中模板量参考

动物	植物	微生物
0.1～1μg	0.1～1μg	10～100 ng

*2 特异性引物不同，退火温度也有差异。一般在 60～68℃，推荐使用 65℃ 退火。

*3 可根据需要选择延伸时间，延伸时间长可以获取较长的 DNA 片段，但是容易产生非特异性 PCR 扩增。推荐延伸时间为 2min。

*4 根据需要将上一步 PCR 反应液稀释 1~1 000 倍后，取 1μL 作为模板。此时建议首先使用 PCR 反应原液 1μL 作为模板进行 PCR 反应。如果 PCR 扩增效果不理想，可以适当稀释 PCR 反应原液，再取 1μL 进行 PCR 反应。

六、结果分析

首先通过电泳检测，再将清晰的条带回收（如果 3 次循环的条带都很清晰，只回收第 3 次的条带），通过 T/A 克隆，转化后筛选阳性转化子送样测序，对所获得的序列通过 NCBI 数据库中 Promotor 预测分析，如果初步分析是启动子，可以构建到探针质粒上，验证其功能及强弱（图 13-4）。

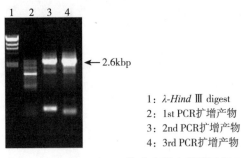

1：λ-*Hind* Ⅲ digest
2：1st PCR扩增产物
3：2nd PCR扩增产物
4：3rd PCR扩增产物

图 13-4　Genome Walking 技术克隆小麦基因组 DNA

七、思考题

如果每个循环都有清晰的条带，为什么只回收第 3 次的条带就可以了？

参考文献

TAKARA 公司的 Genome Walking 试剂盒。

实验十四

利用 CRISPR-Cas9 系统验证基因功能

一、概述

CRISPR/Cas9 系统是由 Clustered regularly interspaced short palindromic repeats（CRISPR）和 CRISPR-associated protein 9（Cas9），共同组成的一套防御系统。1987 年开始陆续发现存在于许多细菌及古细菌中。其原理是通过 CRISPR 系统将靶标切断后，生物个体会启动自身的修复机制，在修复后产生突变，导致目标基因功能沉默（图 14-1）。Cas9/gRNA 可以靶向任何含 5′-N20-NGG-3′（N = A，T，G，C）或 5′-CCN-N20-3′的 DNA 位点，其中，NGG 为 Cas9 识别所需的 PAM。Cas9/gRNA 会在 PAM 前 3bp 左右的位置精确地切割靶 DNA 双链。

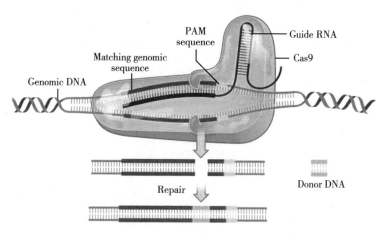

图 14-1 CRISPR/Cas9 系统进行基因编辑的原理

植物体自身的 RNase P 和 RNase Z 分别切割 tRNA 的 5′端和 3′端（图 14-2A）。本实验采用的载体可以串联多个 tRNA+gRNA（图 14-2C），可以将多个靶标（引导序列）的 gRNA 释放，从而提高突变效率。靶标序列与目标序列互补后，Cas9/gRNA 会在 PAM 前 3bp 左右的位置精确地切割靶 DNA 双链。

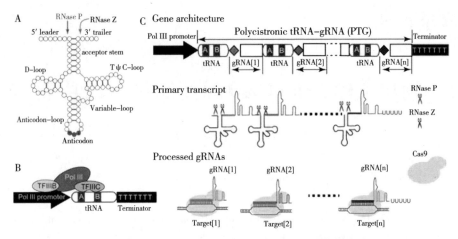

图 14-2 CRISPR-Cas 系统进行基因编辑的载体构建

本实验所用载体是在 pRGEB32 载体的基础上，将真核中抗性标记潮霉素替换为卡那霉素抗性，以及引导 gRNA 转录的棉花内源 U6 启动子（编号为 U6-7、U6-9），但驱动 Cas9 表达的依然是水稻 Ubiquitin2 启动子，原核中的抗性均为 Kan（图 14-3）。

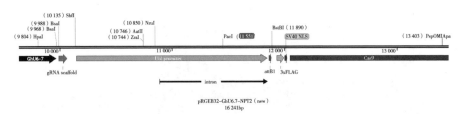

图 14-3 CRISPR-Cas 系统进行基因编辑的载体构建

插入目标序列连接在载体图方框所示两个 *Bsa* I 酶切位点之间，构建成功的载体如图 14-4 所示。

重叠延伸 PCR 指 PCR 循环中，新链是由两端序列部分重叠的两条 DNA 双链做模板，使用特异引物进行 PCR 扩增形成，并且新链可以作为下一轮循环的模版。如果分别在一条预扩增 DNA 片段的下游引物的 5′端和另一条预扩增 DNA 片段的上游引物的 5′端加入含有序列互补的接头，经 PCR 扩增后，几乎所有的 PCR 产物都含有接头，这种 PCR 产物即可用作重叠延伸 PCR 的模板（图 14-5）。

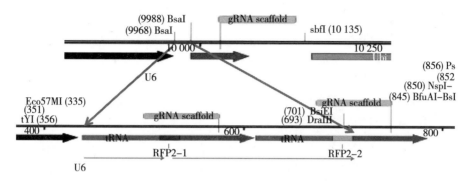

图 14-4 带有插入目标序列的载体结构示意

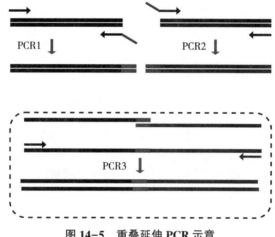

图 14-5 重叠延伸 PCR 示意

二、实验目的

通过本实验掌握 CRISPR/Cas9 载体构建的方法及原理，学习并掌握靶标选择、相关引物的设计、In-fusion 连接方法、条件及步骤、转基因个体的验证方法等。

三、时间表（表 14-1）

表 14-1 各操作步骤时间

实验内容	所需时间（h）
两次 PCR 反应体系配制	1

（续表）

实验内容	所需时间（h）
两次 PCR 反应时间	3
载体酶切	6
In-fusion 连接	1
转化大肠杆菌感受态及验证	5
质粒提取	0.5
转化农杆菌感受态及验证	5
效果验证	4
合计	25.5

注：时间不包含大肠杆菌及农杆菌培养时间。

四、实验仪器、材料和试剂

1. 实验仪器

Cycler PCR 仪、小型离心机、移液器、制冰机、微波炉、电泳仪、凝胶成像仪、高速冷冻离心机、电转化仪、超净工作台、恒温水浴锅、恒温培养箱、恒温摇床等。

2. 实验材料

pGTR4 载体、pRGEB32 载体、大肠杆菌感受态、农杆菌及棉花无菌苗或愈伤组织。

3. 实验试剂

含 Mg^{2+} 的 PCR buffer、特异引物、ddH_2O、dNTPs、ExTaq 酶、*Bsa* I 内切酶、Exnase、CE Buffer、T7EI 酶、琼脂糖、电泳缓冲液、EB 或 EB 替代品、溴酚蓝等。

电泳缓冲液、溴酚蓝试剂配制同实验一。

五、操作步骤

以下主要以 U6-7 启动子载体连接两个靶标位点，针对同一基因为例介绍载体构建过程。

1. 靶标及引物设计

本实验采用的棉花 *GhCLA* 基因序列：

>GhCLA

CTCGACGGACCTATACCACCTGTGGGAGCTTTGAGCAGTGCTCTCAGCAGGCTGCAA
TCAAACAGGCCTCTTAGAGAACTGAGAGAGGTTGCAAAGGTAAGTAGAAATGAATA
GAACCCAGAAAACTAATATAATTTTTACTAGAAACTAAAACTTACTAAGACTGGATG
TGGTTTGATTGCAGGGAGTTA<u>CCA</u>**AGCAAATCGGTGGGCCTATG**CATGAACTGGCTG
CAAAAGTTGATGAGTATGCTCGTGGAATGATCAGTGGTTCTGGATCTACACTTTTCG
AAGAACTTGGACTATATTATATTGGACCTGTTGATGGCCACAACATCGATGATTTAG
TTTCTATTCTCAAAGAGGTTAAGACTACTAAAACAACGGGTCCGGTCTTGATCCATG
TTGTCACTGAGAAAGGCCGAGGTTATCCATATGCAGAGAGAGCTGCTGACAAGTAT
CACGGTAACATACAGAATAAGCCTTTTTAGAAGAGAGATCATTTCATATGATTTAAT
TTACTGGTGCCTCGATATCTGACCTTAGTTTAGGGAATAAAAGAATAAACTGTACCT
GGATTTCTTTTCTCAGGAGTG**GTGAAGTTCGATCCGGCAAC**<u>TGG</u>AAAGCAATTCAAA
GGCAATTCTGCTACCCAGTCTTACACTACATATTTTGCTGAGGCTTTGATTGCGGAAG
CTGAGGCAGACAAAAATATTGTTGCCATCCATGCTGCAATGGGAGGTGGAACCGGA
TTAAACCTCTTCCTCCGCCGGTTCCCACAAAGATGTTTCGATGTGGGGATAGCTGAA
CAACATGCTGTCACCTTTGCTGCAGGCTTGGCCTGTGAAGGCTTGAAACCTTTTTGTG
CAATCTACTCATCATTCATGCAAAGGGCTTATGACCAG

具体操作步骤如下。

（1）打开网站 http：//cbi. hzau. edu. cn/crispr/，点击"Design"，在输入框中输入 Fasta 格式的 *GhCLA* 基因序列，点击提交按钮（图 14-6）。此网站只有雷蒙德氏棉的基因组数据，所以仅供参考。也可以用 CRISPRdirect（http：//crispr. dbcls. jp/）等进行设计。

（2）根据位置、GC 含量、分数及 NCBI 网站 Blast 分析结果唯一性等相关信息选择靶标，最好在 PAM 前 3bp 左右的位置有唯一的酶切位点，方便后续的验证。本次实验选用的为：

靶标 1：AGCAAATCGGTGGGCCTATG（负链）

靶标 2：GTGAAGTTCGATCCGGCAAC（正链）

注：*GhCLA* 基因序列中加粗部分，下划线为 PAM 位点。

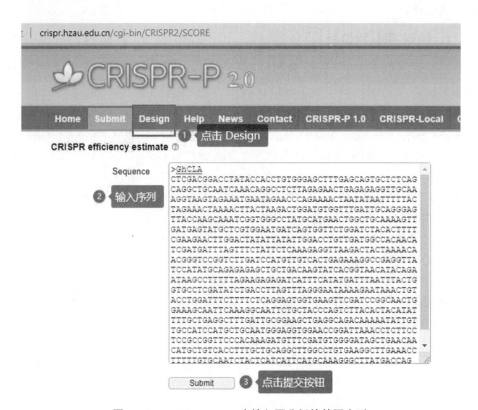

图 14-6　CRISPR-P2.0 中输入要分析的基因序列

2. 插入目标序列的构建及扩增

插入目标序列的结构形式如下：

aagcatcagatgggca<u>*AACAAA*GCACCAGTGGTCTAGTGGTAGAATAGTACCCTGCCA</u>
<u>CGGTACAGACCCGGGTTCGATTCCCGGCTGGTGCA</u>*CATAGGCCCACCGATTTGCTgttt-*
*tagagctagaaata***GCAAGTTAAAATAAGGCTAGTCCGTTATCAACTTGAAAAAG**
TGGCACCGAGTCGGTGC<u>AACAAAGCACCAGTGGTCTAGTGGTAGAATAGTACC</u>
<u>CTGCCACGGTACAGACCCGGGTTCGATTCCCGGCTGGTGCA</u>*GTGAAGTTCGATCCGGC*
AACgttttagagctagaa……（载体 gRNA）

注：小写部分是载体序列；下划线部分是 tRNA；加粗部分是 gRNA；斜体部分是靶标位置。

PCR 扩增流程如图 14-7 所示，进行两轮 PCR 扩增。

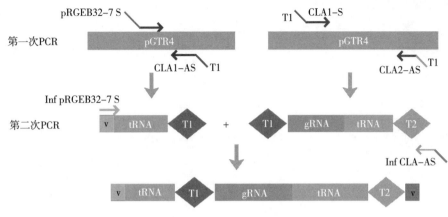

图 14-7　PCR 扩增流程

（1）PCR 引物的设计

根据上面序列结构特征及载体序列设计相关 PCR 引物（表 14-2）。

表 14-2　引物序列

引物名称	序列（5′→3′）	备注
CLA1-S	<u>CATAGGCCCACCGATTTGCT</u>gttttagagctagaaata	靶标 1 序列
CLA1-AS	<u>AGCAAATCGGTGGGCCTATG</u>tgcaccagccgggaat	靶标 1 互补序列
CLA2-S	<u>GTGAAGTTCGATCCGGCAAC</u>gttttagagctagaaata	靶标 2 序列
CLA2-AS	<u>GTTGCCGGATCGAACTTCAC</u>tgcaccagccgggaat	靶标 2 互补序列
inf CLA-AS	ttctagctctaaaac<u>GTTGCCGGATCGAACTTCAC</u>	末靶标互补序列
pRGEB32-7-S	aagcatcagatgggca<u>AACAAAGCACCAGTGGTCTAG</u>	U6-7 载体
inf pRGEB32-7-S	aagcatcagatgggca<u>AACAAA</u>	U6-7 载体
pRGEB32-9-S	cagcacataactggca<u>AACAAAGCACCAGTGGTCTAG</u>	U6-9 载体
inf pRGEB32-9-S	cagcacataactggca<u>AACAAA</u>	U6-9 载体

注：小写部分是固定序列，引物设计只需修改引物中的下划线标示的靶标序列即可。

其中，pRGEB32-7-S、inf pRGEB32-7-S、pRGEB32-9-S、inf pRGEB32-9-S 为通用引物无须更改。pRGEB32-7-S、pRGEB32-9-S 含有一部分载体序列，方便 In-fusion 连接。因插入序列中有多个 tRNA，inf pRGEB32-7-S、inf pRGEB32-9-S 为增强扩增特异性，序列长度比 pRGEB32-7-S、pRGEB32-9-S 短。Inf CLA-AS 为最后一个靶标序列加载体序列接头构成，方便后续 In-fusion 连接。

（2）第一次 PCR 扩增

PCR 扩增体系见表 14-3，两个靶标的 Primer1 与 Primer2 分别为 pRGEB32-7-S，CLA1-AS；CLA1-S，CLA2-AS。依照表 14-4 PCR 条件进行 PCR 扩增。

扩增结果电泳检测见图 14-8。

表 14-3 PCR 体系 （20μL）

试剂	用量 （μL）
ddH$_2$O	16.1
Buffer	2
dNTP	0.3
Primer1	0.2
Primer2	0.2
Taq	0.2
模板	1

表 14-4 PCR 条件

靶标	预变性	30cycles			充分延伸	保存
		变性	退火	延伸		
靶标 1	94℃ 5min	94℃ 30s	56℃ 30s	72℃ 20s	72℃ 5min	4℃ ∞
靶标 2			55℃ 30s			

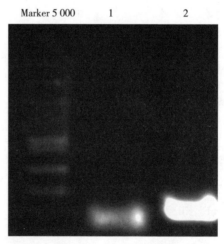

图 14-8 第一次 PCR 产物电泳检测结果

（3） 第二次 PCR 及纯化

PCR 扩增体系见表 14-5，依照表 14-6 PCR 条件进行重叠延伸 PCR 将两个小片段进行连接。扩增结果电泳检测见图 14-9，使用凝胶回收的试剂盒对 PCR

产物进行纯化、测浓度。

表 14-5　PCR 体系（100μL）

试剂	用量（μL）
ddH$_2$O	83.5
Buffer	10
dNTP	1.5
Inf pRGEB32-7-S	1
Inf CLA-AS	1
Taq	1
片段 1	1
片段 2	1

表 14-6　PCR 条件

预变性	28 cycles			充分延伸	保存
	变性	退火	延伸		
94℃ 5min	94℃ 30s	59℃ 30s	72℃ 20s	72℃ 5min	4℃ ∞

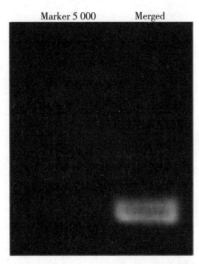

图 14-9　第二次 PCR 产物电泳检测结果

3. 载体酶切

按照表 14-7 的酶切体系添加试剂至 PCR 管中，37℃ 酶切 5.5h。电泳检测酶切效果，使用凝胶回收的试剂盒对酶切产物进行回收纯化，并检测回收载体的浓度（可与第四步同时做）。

表 14-7　酶切体系

试剂	用量
PCR 产物	10μg
10×cut smart Buffer	10μL
Bsa I	4μL
ddH$_2$O	up to 100μL

4. In-fusion 连接

按表 14-8 的 In-fusion 连接体系添加试剂至 PCR 管中，37℃ 水浴 30min，冰上放置 5min，可-20℃ 保存备用。

表 14-8　In-fusion 连接体系

试剂	用量
目的片段	100ng
线性化表达载体	100ng
Exnase	0.5μL
CE Buffer	1μL

5. 转化大肠杆菌感受态

（1）将连接产物与感受态混合，冰上放置 30min，42℃ 热激 90s，冰上静置 5min。

（2）取 300μL SOC 加入新的 2mL 离心管，将热激产物加入 SOC 中，37℃震荡 45min。

（3）涂于含 Kan 的培养基上，37℃培养过夜。

（4）挑单克隆于 500μL 含 Kan 抗性的液体 LB 培养基，37℃震荡培养 3h，使用 Inf pRGEB32-7-S 与 Inf CLA1-AS 引物进行 PCR 检测（阳性检测电泳结果见图 14-10），挑阳性送测序（注：U6-9 载体为 pRGEB32-9-S）。

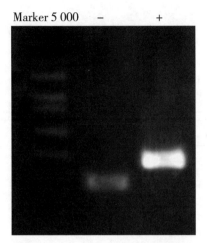

图 14-10　PCR 验证电泳检测结果

6. 农杆菌的转化及其介导的棉花遗传转化

测序成功后，提取质粒电转农杆菌 EHA105。

（1）用无水乙醇和去离子水清洗电转杯，紫外灭菌 15min，吹干。

（2）电转仪调到 1 800V。

（3）提前将电转杯预冷，2μL 纯化过的质粒 DNA 加入农杆菌中抽打混匀。

（4）在超净台中将农杆菌转入电转杯，吹打 3 次。

（5）放入电转仪，双击 Pulsece，听到两声响声后取出电转杯。

（6）向电转杯中加 500μL YEP 培养液，吸出转移至灭菌离心管中，200r/min 28℃ 振荡培养 1h。

（7）将转化产物涂布于含卡那霉素 50μg/mL 的 YEP 固体培养基上，吹干后封膜 28℃ 培养箱倒置培养 24~48h。

（8）用下面的阳性检测引物进行 PCR 鉴定，阳性鉴定正确后，再将农杆菌转入棉花的愈伤组织中，经遗传转化获得相应的转基因植株。

阳性检测引物：

u6-7s：TGTGCCACTCCAAAGACATCAG+Inf CLA-AS

u6-9s：GTCAAAAACTATCCCACATTGCTAA+Inf CLA-AS

7. 效果验证

可以采用以下方式进行验证。

（1）提取愈伤/单株 DNA，PCR 扩增含有靶标位置的一段序列，T/A 克隆测序。

（2）PAM 前 3bp 左右的位置有酶切位点，可以进行限制性内切酶酶切验证（图 14-11）。

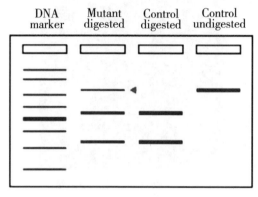

图 14-11　酶切示意

（3）T7EI 酶切验证，切割不完全配对 DNA、十字型结构 DNA、Holliday 结构或交叉 DNA、异源双链 DNA。该酶切割错配碱基 5′端的第一、第二或第三个磷酸二酯键（图 14-12）。

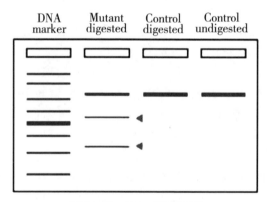

图 14-12　T7EI 酶切示意

六、结果分析

本实验引物设计目标序列扩增环节，第二次重组 PCR 电泳检测结果大小应该是第一次 PCR 结果两条带大小之和。大肠杆菌阳性验证结果大小应与第二次重组 PCR 电泳检测结果大小一致。农杆菌阳性验证结果应大于大肠杆菌阳性验证结果。编辑后的棉花材料 *GhCLA* 序列测序后，在靶标位点发生编辑即证明 CRISPR/Cas9 技术编辑成功。

七、注意事项

（1）基因敲除靶点应设计在起始密码子附近（包括起始密码子）或者起始密码子下游的外显子范围内。

（2）不同 Cas9/gRNA 靶点在基因敲除效率上有较大差异，因此同时设计构建 2~3 个靶点的基因敲除载体，再从中选出敲减效果较佳的靶点。

（3）N1-N20 NGG 靠近 PAM 的碱基对靶点的特异性很重要，前 7~12 个碱基的错配对 Cas9 切割效率影响较小。设计好的靶点序列应在基因库中进行 BLAST 检测。

八、问题与讨论

（1）简述 CRISPR/Cas9 技术的原理及步骤。

（2）如何判断是否成功编辑目的基因序列？

参考文献

SHAN Q, WANG Y, LI J, et al., 2014. Genome editing in rice and wheat using the CRISPR/Cas system ［J］. Nature Protocols, 9 (10)：2395-2410.

XIE K, MINKENBERG B, YANG Y, 2015. Boosting CRISPR/Cas9 multiplex editing capability with the endogenous tRNA-processing system ［J］. Proceedings of the National Academy of Sciences of the United States of America, 112 (11)：3570-3575.

实验十五

酵母双杂交技术分析蛋白质互作关系

一、概述

酵母双杂交系统（yeast two-hybrid system）是在酵母体内分析蛋白质-蛋白质相互作用的基因系统，也是一个基于转录因子模块结构的遗传学方法。该方法建立以来，经过不断的完善和发展，不但可以检测已知蛋白质之间的相互作用，更重要的在于发现新的与已知蛋白相互作用的未知蛋白。

酵母双杂交系统的建立得益于对真核细胞调控转录起始过程的认识。研究发现，许多真核生物的转录激活因子都是由两个可以分开的、功能上相互独立的结构域（domain）组成的。例如，酵母的转录激活因子GAL4，在N端有一个由147个氨基酸组成的DNA结合域（DNA binding domain，BD），C端有一个由113个氨基酸组成的转录激活域（transcription activation domain，AD）。GAL4分子的DNA结合域可以和上游激活序列（upstream activating sequence，UAS）结合，而AD则是通过与转录机构（transcription machinery）中的其他成分之间的结合作用，以启动UAS下游的基因进行转录。但是，单独的DNA结合域不能激活基因转录，单独的转录激活域也不能激活UAS的下游基因，它们之间只有通过某种方式结合在一起才具有完整的转录激活因子的功能。

酵母双杂交由Fields在1989年提出，他的产生是基于对真核细胞转录因子特别是酵母转录因子GAL4性质的研究。DB与X蛋白融合，AD与Y蛋白融合，如果X、Y之间形成蛋白-蛋白复合物，使GAL4两个结构域重新构成，启动特异基因序列的转录（图15-1）。他们利用Snf1与Snf4的相互作用，将Snf1与DB融合，Snf4与AD融合，构建在穿梭质粒上。其中Snf1是一种依赖于丝氨酸、苏氨酸的蛋白激酶，Snf4是它的一个结合蛋白。研究者将两种穿梭质粒转化酵母GGY：171菌株，该菌株含有LacZ报告基因，并已去除相应转录因子基因。该实验的结果表明由Snf1和Snf4相互作用使得AD和BD在空间上接近，激活了报告基因LacZ的转录。一般地，将BD-X的融合蛋白称作诱饵（bait），X往往是已知蛋白，AD-Y称作猎物（prey），能显示诱饵和猎物相互作用的基因称报告基因，通过对报告基因的检测，反过来可判断诱饵和猎物之间是否存在相互作用。

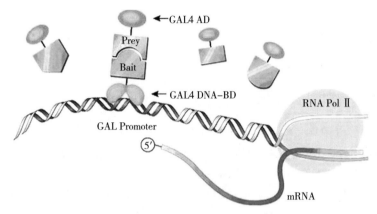

图 15-1 酵母双杂交系统作用模型

大量的研究文献表明，酵母双杂交技术既可以用来研究哺乳动物基因组编码的蛋白质之间的互作，也可以用来研究高等植物蛋白质之间的互作。如利用酵母双杂交发现新的蛋白质及其功能、在细胞体内研究抗原和抗体的相互作用、筛选药物作用位点及药物对蛋白相互作用影响、建立基因组蛋白连锁图等。这些研究对于认识一些重要的生命活动，如信号传导、代谢途径等有重要意义。

二、实验目的

用酵母双杂交技术分析检测样品中与已知蛋白相互作用的未知蛋白。

三、时间表（表 15-1）

表 15-1 时间表

实验内容	所需时间（d）
配制培养基	1
接种大肠杆菌和酵母菌	2
收集酵母菌菌体，制备感受态细胞	7
转化	8
筛选转化子	11

四、实验仪器、材料和试剂

1. 实验仪器

培养箱、超净工作台。

2. 实验材料

AH109 酵母菌株。

载体和质粒：酵母双杂交载体质粒 pGADT7 AD（简写 AD）和木薯 pGBKT7（简写 BD）、pGBKT7-*lam*（简写 BD-*p53*）、pGADT7-*T*（简写 AD-*T*），木薯质粒 pGADT7-*MeSAUR*1（简写 AD-*MeSAUR*1）和 pGBKT7-*MePP2C*（简写 BD-*MePP2C*）

3. 实验试剂

蛋白胨、酵母粉、葡萄糖、$CaCO_3$、$MgSO_4$、K_2HPO_4、（NH_4）$_2SO_4$、腺嘌呤、L-异亮氨酸、L-缬氨酸、L-尿嘧啶、L-盐酸精氨酸、L-盐酸赖氨酸、L-甲硫氨酸、L-苯丙氨酸、L-苏氨酸、L-酪氨酸。

液体培养基：YPDA 培养基和 SD 培养基。

固体培养基：在上述培养基中添加 1.6%～2.0% 琼脂粉。

选择性培养基：上述培养基中添加合适的抗生素，用于转化子的筛选及重组菌株的培养。

10×选择营养缺陷/-色氨酸-异亮氨酸-组氨酸-腺嘌呤 [10×Dropout（DO）/-Trp-Leu-His-Ade] 溶液：0.3g/L-异亮氨酸，1.5g/L-缬氨酸，0.2g/L-尿嘧啶，0.2g/L-盐酸精氨酸，0.3g/L-盐酸赖氨酸，0.2g/L-甲硫氨酸，0.5g/L-苯丙氨酸，2g/L-苏氨酸，0.3g/L-酪氨酸，去离子水定容至 1L，过滤除菌。

100×组氨酸溶液：0.2g/L-组氨酸，去离子水定容至 100mL，过滤除菌。

100×色氨酸溶液：0.2g/L-色氨酸，去离子水定容至 100mL，过滤除菌。

100×亮氨酸溶液：1g/L-亮氨酸，去离子水定容至 100mL，过滤除菌。

上述氨基酸溶液用于各种 SD 营养缺陷型培养基的配制。

五、实验步骤

1. 配制培养基

（1）YPDA 培养基：每 1L 培养基中加入 2%蛋白胨，1%酵母粉，pH6.5，121℃高温灭菌 30min，使用时每 1L 培养基加入无菌 40%葡萄糖 50mL，0.2%腺嘌呤（Adenine）15mL，用于酵母菌的培养。

（2）SD 培养基：每 1L 培养基中加入 6.7g 不含氨基酸不含腺嘌呤的酵母氮源（Yeast Nitrogen Base，YNB），5g（NH_4）$_2SO_4$，pH5.8，用于酵母菌氨基酸缺陷型菌株的筛选，具体筛选标记以加入的氨基酸混合物为准。

2. 酵母菌感受态细胞的制备

（1）从 YPDA 平板上挑取生长 1~3 周、直径 2~3mm 的 AH109 单克隆，接入 3mL 2×YPDA 液体培养基中，振荡打散菌落，30℃恒温，250r/min 摇床培养 8h。

（2）将菌液按 1/1 000 转接至 50mLYPDA 液体培养基中，30℃恒温，250r/min 摇床培养 16~18h，直至其 OD_{600}=0.15~0.3。

（3）700g，5min 室温离心，弃上清，加入 100mLYPDA 液体培养基重悬细胞。

（4）30℃恒温，250r/min 摇床培养 3~5h，直至其 OD_{600}=0.4~0.5。

（5）700g，5min 室温分两管离心收集细胞，弃上清，每管加入 30mL ddH_2O 重悬洗涤酵母沉淀细胞，离心弃上清，重复洗涤一次。

（6）沉淀细胞每管用 1.5mL1.1×TE/LiAc 重悬后，分装为每管 750μL。

（7）12 000r/min 离心 15s，弃上清收集沉淀，以每管 600μL 1.1×TE/LiAc 溶液重悬后即为酵母感受态细胞。若仅用于转染质粒，则可置于 4℃可几天内使用。

3. 酵母感受态细胞的转化及转化子的筛选

（1）配制 10mL 聚乙二醇/氯化锂：8mL 50% PEG3350，1mL 10×TE 缓冲液，1mL 1mol/L LiAc。

（2）每管加入 0.5μg 质粒 DNA，50μL 酵母感受态细胞，500μL 1×TE/LiAc 溶液，振荡混匀。

（3）30℃恒温，200r/min 振荡培养 30min。

（4）每管各加入 20µL DMSO，缓缓倒置混匀（不能振荡），42℃ 热激 15min，每 5min 混匀一次，然后迅速插入冰浴冷却 1~2min。

（5）12 000r/min，15s 室温离心，弃上清，以 1mL YPDA 液体培养基重悬细胞。

（6）30℃ 恒温，200r/min 振荡培养 90min。

（7）12 000r/min，15s 室温离心，弃上清，以 1mL ddH₂O 重悬细胞，用微量移液器轻柔吹吸混匀。

（8）各取 100µL 菌液涂于 SD 选择营养缺陷型/-异亮氨酸-色氨酸（SD/-Leu-Trp），30℃ 恒温倒置培养 2~4d。

4. 酵母小范围接合实验及结合子的筛选

（1）当转化子单菌落长至直径 0.5~1mm 时，每种类型酵母靶菌株挑取一个单菌落克隆子用来做接合实验。

（2）将挑取的多种单菌落克隆子加入到含有 0.5mL 2×YPDA 液体培养基的 PA 瓶中，旋转混匀以打散单菌落。

（3）28~30℃ 恒温，100r/min 振荡培养 12~24h。

（4）将菌液转移至 1.5mL 离心管中，12 000r/min，15s 室温离心，弃上清，以 1mL ddH₂O 重悬细胞，用微量移液器轻柔吹吸混匀。

（5）各取 100µL 菌液涂于 SD 选择营养缺陷型/-异亮氨酸-色氨酸-组氨酸-腺嘌呤（SD/-Leu-Trp-His-Ade）培养基平板上，并按 1：10，1：100，1：1 000 的稀释梯度涂板，30℃ 恒温倒置培养 2~4d 后，得到的菌落即为具有相互作用蛋白的接合子。

六、结果分析

（1）观察 SD/-Trp-His-Leu-Ade 培养基平板是否生长有接合子。

将接合菌液涂布于四缺培养基（选择性缺陷性色氨酸-异亮氨酸-组氨酸-腺嘌呤 SD/-Trp-His-Leu-Ade），若有接合子在培养基上生长，即表明两个蛋白质间具有相互作用。

（2）酵母感受态细胞的转化效率。

转化后在含抗生素的平板上长出的菌落即为转化子，根据此皿中的菌落数可计算出转化子总数和转化频率，公式如下：

转化子总数=菌落数×稀释倍数×转化反应原液总体积/涂板菌液体积

转化频率=转化子总数/质粒 DNA 加入量（µg）

酵母双杂交验证见图 15-2。

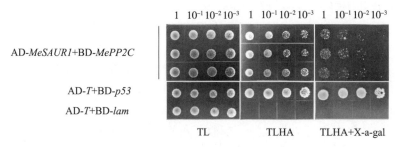

图 15-2　酵母双杂交验证

注：AD+BD－ *MePP2C*：诱饵载体 pGBKT7－*MePP2C* 和 pGADT7 共转酵母 AH109 的生长情况；AD-*T*+BD-*p53*：阳性对照的生长情况；AD-*T*+BD-*lam*：阴性对照的生长情况；1、$1×10^{-1}$、$1×10^{-2}$、$1×10^{-3}$ 为酵母菌液的原液及不同稀释倍数；TL：二缺培养基；TLHA：四缺培养基。

七、注意事项

（1）酵母双杂交对照的设定。常规的酵母双杂交操作时一般会设定阳性对照、阴性对照以及显色系统对照三种对照，以 MATCHMAKER GAL4 酵母双杂交筛选系统为例。阳性对照：pGADT7－*T*+pGBKT7－*p53*，其中，*T* 蛋白和 *p53* 蛋白是已经明确在酵母细胞内能够发生结合并启动报告基因表达的两种蛋白。阴性对照：pGADT7－*T*+pGBKT7－*lam*，其中已经明确 *T* 蛋白和 *lam* 蛋白在酵母细胞内不能发生结合。系统显色对照：pGADT7－*Pcl1*，该表达质粒转入酵母细胞就能引起 β-半乳糖苷酶和 α-半乳糖苷酶的分泌，从而检测显色系统是否有问题。

（2）假阳性现象。多种原因可能造成假阳性结果，常见的有以下三种。筛到的文库蛋白自身具有转录活性，能够启动报告基因的表达——这种情况需要对筛到的候选蛋白进行自激活验证。酵母细胞内可能同时含有不止一种文库蛋白，其中的一种文库蛋白可以与诱饵蛋白相互结合。这种情况需要对阳性克隆再次划板 2~3 次，以确保每一个酵母克隆中只含有一种文库蛋白和诱饵蛋白；另外划板的次数也不宜过多，否则，会出现蛋白表达质粒丢失的情况。其他一些不明原因造成的假阳性，需要将筛到的候选文库质粒和表达诱饵蛋白的质粒重新共转入酵母细胞或者通过酵母杂交的方式重新验证，如有必要可以将 pGADT7-cDNA 质粒与 pGBKT7-bait 质粒的载体对调，构建成 pGADT7-bait 与 pGBKT7-cDNA，并重新在酵母细胞中验证，真正的阳性结合在对调以后也能在酵母细胞中做出阳性结果。

（3）常见的问题及参考方案。

① 转化效率过低——尽量使用新鲜的培养基以及新鲜且直径大小在 2~3mm 的酵母克隆，以确保酵母的活力；可将用于转化的质粒在使用前进行乙醇沉淀，以提高质粒的纯度和浓度。

② 杂交效率偏低——可能由于表达的融合蛋白对酵母细胞有毒性，在某些情况下在液体培养基中生长不好的酵母换到琼脂糖固体培养板上时，会生长得比较好，这种情况可以采用共转化的方法进行试验；或者将单转的酵母克隆分别铺到培养板上，待克隆长出来以后，刮取所有克隆于 5mL 0.5×YPDA 中。重悬后再按照常规杂交操作步骤进行操作。

③ 背景过高——当使用 HIS3 作为报告基因时，由于 HIS3 基因具有一定程度的泄漏表达，可能会出现背景过高的情况，这时可以使用适量的 HIS3 蛋白竞争性抑制剂 3-AT（3-amino-1,2,4-triazole）以降低背景；或者再增加一种更加严格的报告基因的筛选，如 Ade。诱饵蛋白具有自激活现象可以采用克隆突变的方法将产生自激活一段氨基酸序列敲除或突变，但这种方法可能会破坏两蛋白之间的相互作用。

八、思考题

（1）利用酵母双杂交研究蛋白质的相互作用有何优缺点？
（2）阐述酵母双杂交技术的原理及其应用。

参考文献

王鸿杰，张志文，2008. 用酵母双杂交系统筛选 ATF5 相互作用蛋白 [J]. 中国生物化学与分子生物学报，24（2）：160-164.

郑婉茹，丁凯旋，陆小花，等，2022. 木薯 MeSAUR1 互作蛋白的筛选及鉴定 [J]. 分子植物育种，1-13.

BRACHMANN R. K, BOEKE J D, 1997. Tag games in yeast：The two-hybrid system and beyond [J]. Current Opinion in Biotechnology, 8（5）：561-568.

BRÜCKNER A, POLGE C, LENTZE N, 2009. Yeast two-hybrid, a powerful tool for systems biology [J]. Int J Mol Sci, 10（6）：2763-2788.

DORTAY H, MEHNERT N, BÜRKLE L, 2006. Analysis of protein interactions within the cytokinin-signaling pathway of *Arabidopsis thaliana* [J]. FEBS Letters, 273（20）：4631-4644.

实验十六

原位杂交技术

一、概述

原位杂交组织（或细胞）化学（In Situ Hybridization Histochemistry，ISHH）简称原位杂交（In Situ Hybridization），属于固相分子杂交的范畴，它是用标记的 DNA 或 RNA 为探针，在原位检测组织细胞内特定核酸序列的方法。根据所用探针和靶核酸的不同，原位杂交可分为 DNA–DNA 杂交、DNA–RNA 杂交和 RNA–RNA 杂交三类。

根据探针的标记物是否直接被检测，原位杂交又可分为直接法和间接法两类。直接法主要用放射性同位素、荧光及某些酶标记的探针与靶核酸进行杂交，杂交后分别通过放射自显影、荧光显微镜术或成色酶促反应直接显示。间接法一般用半抗原标记探针，最后通过免疫组织化学法对半抗原定位，间接地显示探针与靶核酸形成的杂交体。

原位杂交技术的基本原理是利用核酸分子单链之间有互补的碱基序列，将有放射性或非放射性的外源核酸（即探针）与组织、细胞或染色体上待测 DNA 或 RNA 互补配对，结合成专一的核酸杂交分子，经一定的检测手段将待测核酸在组织、细胞或染色体上的位置显示出来。为显示特定的核酸序列必须具备 3 个重要条件：组织、细胞或染色体的固定、具有能与特定片段互补的核苷酸序列（即探针）、有与探针结合的标记物。

在细胞或组织结构保持不变的条件下，用标记的已知的 RNA 核苷酸片段，按核酸杂交中碱基配对原则，与待测细胞或组织中相应的基因片段相结合（杂交），所形成的杂交体（Hybrids）经显色反应后在光学显微镜或电子显微镜下观察其细胞内相应的 mRNA、rRNA 和 tRNA 分子。

基于地高辛、生物素和荧光标记分子的标记和检测系统是常见的原位杂交检测方法。荧光标记检测常为直接探针标记方法，如在 dUTP/UTP/ddUTP 上连接 Fluorescein 后进行核酸标记。由于标记在核酸上的荧光分子必须经受杂交和洗脱过程中的考验，以及荧光分子易于衰减，其检测灵敏度受到一定的影响。但对荧光分子的直接检测呈现的背景较低。

间接标记的方法中应用了报告分子标记的探针，报告分子通过亲和酶促的方法进行显色。常用的报告分子如地高辛、生物素。结合地高辛抗体或链霉亲和素上耦联的酶系统进行间接的底物反应检测。地高辛标记核酸的历史可追溯到1987年，由于地高辛是洋地黄的花和叶中特有的成分，检测时使用的地高辛抗体不会结合于其他的生物分子。这是相较于生物素标记系统的优势。地高辛抗体上可耦联碱性磷酸酶、过氧化酶，及荧光分子和胶体金等，根据不同的应用需求，呈现高信噪比的核酸检测结果。但需注意，由于引入了免疫检测反应，在放大检测灵敏度的同时，应注意样品内源性酶的灭活，以降低检测背景。

通过不同标记方法的联合应用，还可在同一样本中实现染色体不同区域或细胞样本中不同RNA序列的多重检测。

DNA探针、RNA探针和寡核苷酸探针均能通过不同的酶促分子反应进行标记。寡核苷酸探针的长度较短，因此避免了探针内部退火的问题，在杂交时的渗透能力也更好，探针与靶标的接触是影响原位杂交是否成功的重要因素之一。DNA探针、RNA探针在合成时需要控制探针片段长度，通常300~1 000bp，能覆盖到较长片段的靶核酸序列，增加检测的灵敏度。

就DNA探针和RNA探针的比较，DNA探针在杂交过程中会出现探针双链之间退火的可能，也更倾向于在溶液中形成大分子的探针聚合体，从而影响其渗透能力。而RNA探针的应用，将提高DNA-RNA杂交子的热稳定性。

RNA探针因其单链、高分子结合力、可适应高温杂交的特性，其检测特异性和灵敏度均优于DNA探针。常用的RNA探针标记方法为构建质粒后进行转录合成。通过PCR扩增的方法，可以更方便地进行RNA探针的制备；RNA探针合成后，还需验证其对目标片段检测的灵敏度和特异性。

二、实验目的

掌握原位杂交的原理，熟悉原位杂交的操作流程、研究思路及应用。

三、时间表

本实验所需时间见表16-1。

表 16-1　原位杂交时间

实验内容	所需时间
组织切片制备	2d
RNA 探针的合成	6~7h
组织的预杂交处理	3~5h
杂交	1d
杂交后的洗涤	1h
免疫细胞化学反应（报告分子标记的探针）	1d
显微镜检测	2~3h

四、实验仪器、材料和试剂

1. 实验仪器

水浴锅、离心机、尼龙膜、石蜡切片机、展片机、恒温箱。

2. 实验材料

新鲜组织或细胞样品。

3. 实验试剂

PIPES 缓冲液（pH 值 6.8）、无水乙醇、二甲苯、Paraplast Plus TM（石蜡）、Chromerge TM（铬酸溶液）、TESPA（三亚乙基硫代磷酰胺）、苯酚、氯仿、抗体稀释液、预杂交液、显色液等。

五、实验步骤

（一）组织切片制备

1. 植物组织的甲醛固定和包埋

（1）将植物组织切成小块，立即放入一个装有 10~50mL 固定剂溶液的烧杯中，把烧杯放到真空脱水机内。调节真空度以形成一个温和的真空，然后慢慢恢复常压。微量便于固定剂渗入组织，必须反复真空和非真空状态。待固定剂充分渗入组织块后，室温下放置 2~3h。

（2）室温下用 50~100mL 50mmol/L PIPES 缓冲液（pH 6.8）漂洗组织块 20min。

（3）室温下将组织块先后放在不同稀释度的乙醇水溶液（25%、50%、75% 和 100%）中脱水。每个梯度取 50~100mL，各培育 20min。4℃ 下用 50~100mL 的 100% 乙醇培育，过夜脱水。温和的摇动或搅动可以促进组织中溶剂的交换。

（4）第二天上午，将组织块转移到 50~100mL 新的 100% 乙醇中。再脱水 30min。

（5）室温下用不同稀释度的二甲苯乙醇溶液（25%、50%、75% 和 100%）先后浸渗组织块。每个梯度取用 50~100mL，各培育 1h。在 100% 二甲苯中重复培育 2 次。

（6）在 60℃ 下用不同稀释度的 Paraplast Plus TM 二甲苯溶液（25%、50%、75% 和 100%）先后浸渗组织块。每个梯度取用 50~100mL，各浸渗 2h。60℃ 下用 100% Paraplast Plus TM 温育组织块，浸渗过夜。在 60℃ 温育过程中，我们发现水浴加热比在电炉上直接加热更能维持一个稳定的温度。水浴加热时，必须将放置组织块的烧杯严密封口以防止水汽渗入正在包埋的介质中。

（7）至此，组织块可以包埋在 Paraplast Plus TM 块中了。为了制备包埋块，首先将机械模具放在载片加热仪上，温度设置在 60℃，避免过分加热。在模具中倒入熔化的 Paraplast Plus TM，将组织块转移到模具内。用一根细菌接种针安排好它们的位置，然后加入更多熔化了的 Paraplast PlusTM。在模具中插入合适的附架。为了确保 Paraplast Plus TM 冷却后附架的稳固性，可以再添加一些熔化的 Paraplast Plus TM。将模具转移到实验台上使其慢慢冷却。在切片前包埋块可以保存在模具中。

（8）从模具中取出包埋块之前，将模具紧紧贴在冰上，使金属模具收缩 5~10s。然后用刮刀将蜡块撬出。

2. 显微镜载玻片的准备

（1）把所需数量的显微镜载玻片放入一个载玻片固定器，浸入 Chromerge TM（铬酸溶液），室温下过夜。

（2）从 Chromerge TM 中取出载玻片，在流水中洗涤 3h。然后用蒸馏水冲洗，铝箔包裹后 180℃ 烘烤过夜。

（3）包被。把载玻片浸入含 2% TESPA 的丙酮溶液 5~10s。迅速用丙酮洗涤 2 次，再用蒸馏水冲洗 1 次，然后空气干燥。用 TESPA 包被后载玻片可以保存几个月。

3. 植物组织的封固和切片

（1）在一个耐热玻璃盘中倒入大约 1L 的组织切片粘合剂，放入 45℃水浴加热。

（2）用一个锋利的单边剃刀，修去包埋组织边缘多余的蜡。切痕应该呈长方形，表面光洁。修去由模具产生的圆形边缘。确保包埋块上下边缘平行。修块时将包埋块锁定在切片机的卡盘中，使修整过的平行边缘位于包埋块的顶部和底部。

（3）从包埋块上切下一条切片条，每个切片的厚度为 8~10μm。用湿润的指尖和小画刷将切片（光亮面向下）转移到耐热玻璃盘的组织粘合剂中。切片在溶液中漂浮 2~3min 后，用载玻片提起。在磨砂边缘处拿着载玻片，以近垂直的角度浸入溶液中，使切片条中两个切片结合处与载玻片的边缘相平。载玻片轻轻向切片移动，碰到切片后温和提起。经过一些操作实践比较有经验后，提起载玻片时可以将一个单独的切片从切片条中分离出来。从切片条中分离和提起单个切片时，用画刷保持切片条的稳定。如果要在载玻片上调整切片的位置，可以将载玻片再次浸入粘合剂中，重新漂浮切片，仍以近垂直的角度拿着载玻片，对着载玻片用画刷放置好切片，然后从粘合剂中温和地提起载玻片。

（4）在温育箱中，将载玻片竖立，42℃干燥过夜。

（二）RNA 探针的合成

1. 制备线状的 DNA 模板

（1）选用合适的限制性内切酶（50~100units），酶解 10~20μg 质粒。反应液的总体积约为 200μL，37℃保温 2h。

（2）在质粒的酶解液中加入等体积（200μL）的苯酚/氯仿（1:1），抽提线状 DNA。温和地漩涡振荡试管，混匀。离心分层，将上层的水相转移到一个干净的试管中，进行第二次苯酚/氯仿抽提。

（3）取出水相，用等体积的氯仿抽提 2 次。

（4）沉淀 DNA 片段。加入 1/10 体积的 3mol/L 乙酸钠和 2 倍体积冰冷的 100%乙醇，−20℃下放置 1h。12 000g 离心 10min。

（5）将 DNA 重新溶解于 Tris/EDTA（pH 值 7.6），调节溶液量使 DNA 的终浓度约为 1.0μg/μL。

（6）测量 260nm 和 280nm 处的光吸收值，确定 DNA 浓度。一个 OD_{260} 单位对应约 40μg/μL 的双链 DNA，OD_{260}/OD_{280} 的值应为 1.8 左右。

（7）取 0.5μg DNA，在小型电泳槽上进行电泳，检查酶解是否完全。DNA 模板的转录生成高度专一活性的 RNA 探针。

2. 配制反应溶液

（1）配制下列反应溶液（表16-2）。

表16-2　反应溶液配制

组分	体积（μL）
H_2O	4.00
转录缓冲液（5×）	5.00
DTT（0.1mol/L）	2.50
RNA酶抑制剂	1.25
ATP（10mmol/L）	1.25
CTP（10mmol/L）	1.25
GTP（10mmol/L）	1.25
UTP（500μmol/L）	1.00
DNA模板（1μg/μL）	2.50
35S-UTP（1200 Ci/mmol）	5.00
总体积	25.00

为了避免亚精胺引起 DNA 沉淀，应在室温下添加各种试剂（聚合酶除外，见步骤3）。

（2）从反应溶液中取出 1μL，加入 1mL H_2O 中。将此样品标记为 t_0，保存在冰中备用。后面将用它计算 RNA 探针的合成量。

（3）在反应溶液中加入 1μL 聚合酶 T7 或 SP6，总体积为 25μL。40℃温育 45min。

（4）从反应溶液中取出 1μL，加入 1mL H_2O 中。将此样品标记为 t_{45}，保存在冰中备用。后面将用它来计算 RNA 探针的合成量。

（5）在剩下的反应溶液中（24μL），按 1μg DNA 模板一个单位的比例加入无 RNA 酶活性的 DNA 酶。37℃温育 10min。

（6）加入 2μL 浓度为 10μg/μL 的 tRNA 载体。用苯酚/氯仿抽提 1 次，再用氯仿抽提 1 次。

（7）加入 3mol/L 的乙酸钠（pH 6.0）至终浓度为 0.3mol/L，再加入 2 倍体积预先冰浴的 100%乙醇，沉淀 RNA。-20℃ 下放置 1h。

3. RNA 合成量的计算

（1）取 4 个 DE-81 滤器，其中，两个分别加上 10μL t_0 样品和 t_{45} 样品，作为一组；对另外两个进行同样的处理。取一组滤器，用 500mmol/L Na_2PO_4（pH

7.4)洗 4 次，每次 5min；再用蒸馏水洗涤两次，每次 5min；最后用 95%乙醇洗。每一次洗涤大约消耗 200mL 洗涤液。将洗过的滤器干燥。用 3H+14C 频道对所有滤器进行计数。

（2）未洗的滤器代表每个样品中 35S 的总数，洗涤的滤器则表示掺入 RNA 的 35S 的数目。经过 45min 的反应，应该有大约 70%的 35S 掺入 RNA。

（三）组织的预杂交处理

（1）用 100%的二甲苯洗载玻片 2 次，约 10min，把 Paraplast Plus™ 从封固好的组织切片中洗去。然后将载玻片转移到 100%乙醇中，反复浸泡、洗涤，直至载玻片上所有的条痕消失。

（2）在室温下，依次用不同稀释度的乙醇水溶液（95%、75%、50% 和 25%）洗涤载玻片，使之重新水化。每一次都要将载玻片在乙醇溶液中反复浸泡，直至载玻片上所有的条痕消失。用水洗载玻片 2 次。将用过的乙醇/水溶液保存起来备用。

（3）将载玻片在蛋白酶 K 溶液中 37℃温育 30min。用水洗载玻片 2 次。

（4）为了减少 RNA 探针的非特异性结合，必须将组织中或玻璃片上残存的任何正电荷乙酰化。室温下，将载玻片置于约 100mL 的 0.1mol/L 三乙醇胺溶液（pH 8.0）中平衡 5min。倾去三乙醇胺溶液，立即加入约 100mL 新配制的 0.25%乙酸酐溶液。室温下温育 10min。

（5）用 2×SSC 洗涤载玻片。将载玻片浸入溶液，再提出液面，如此反复 15min。

（6）在室温下，依次用不同稀释度的乙醇水溶液（25%、50%、75% 和 95%）洗涤载玻片，使组织切片脱水。然后用新的 100%乙醇洗载玻片 2 次。每一次洗涤都应洗至载玻片上所有的条痕消失。

（7）干燥组织切片。在真空下约 1h，在常温常压下要几个小时。

（8）检查组织切片的完整性。给载玻片编号，用于组织类型、杂交探针的快速鉴定，等等。载玻片的磨砂端很容易用软芯铅笔作标记。标号的方式应便于杂交实验的进行。

（四）杂交过程

（1）计算处理载玻片所需要的杂交缓冲液的量。将一定量的 RNA 探针加入适量的 4×杂交贮液 B（表 16-3），80℃温育 5min，然后放至冰上快速冷却，得到变性的 RNA 探针。

表 16-3　杂交储备液 B（4×）

试剂	用量
DTT	216mg
poly A	20mg
tRNA	6mg
灭菌双蒸水	—
总体积	定容至 10mL

（2）取等量的 4×杂交贮液 A（表 16-4）和含变性 RNA 探针的 4×杂交贮液 B 混合均匀。

表 16-4　杂交贮液 A（4×）

试剂	称量（mL）
5mol/L NaCl	2.4
1mol/L Tris-HCl（pH 值 7.5）	0.4
0.5mol/L EDTA（pH 值 8.0）	0.1
100× Denhardt's 溶液	0.4
灭菌双蒸水	6.7
总体积	10mL

（五）杂交后的洗涤

杂交后进行非特异结合探针的洗脱，同时也可进行单链核酸链的酶消化。洗脱的严谨性可通过调节洗脱液中的甲酰胺浓度、盐浓度和洗脱温度。常规洗涤条件为含 50% 甲酰胺的 2×SSC。但在实际的实验中发现，对于提高杂交检测的特异性，严谨的杂交条件比严谨洗脱更为有效。

（六）免疫细胞化学反应（报告分子标记的探针）

如果使用间接检测的方法，通常需引入免疫细胞化学反应进行酶免反应和底物检测。免疫检测前进行样品的封闭能防止检测时的高背景。如进行生物素标记的探针杂交和检测，在含 Tween 20 和 BSA 的 PBS 中进行封闭。如进行 DIG 标记的探针杂交和检测，在含 Blocking Reagent 的 Tris-HCl 缓冲液中进行封闭。如果抗原抗体的结合能不受高盐条件影响，检测时加入 0.4mol/L NaCl 将有助于防止背景染色。封闭后再进行抗体孵育反应，通常是在保湿容器中进行 37℃ 30min 孵育（或室温 2h 孵育）。抗体结合后在含 Tween 20 的缓冲液中进行 3 次 5~10min 的洗涤。

酶反应显色：使用 POD 和底物 DAB/咪唑构成的显色系统、AP 和底物 BCIP/NBT 构成的显色系统；酶免反应的检测灵敏度提高，成色后色原性物质的稳定性和定位功能更好。此外，AP 还有一种用于荧光检测的底物 HNPP/Fast Red TR，用于提高荧光检测的灵敏度。

（七）显微镜检测

POD 和 AP 的底物显色反应后使用普通的显微镜镜检，且显色可永久保留。该检测手段能满足大部分研究的灵敏度需求。对于样品厚度较高或密度较大的情况，可使用相差显微镜进行镜检。

如使用荧光标记的探针，则在杂交和洗涤步骤后直接用荧光显微镜观察。荧光探针配合荧光显微镜的检测是进行多重探针检测的良好手段，检测时建议使用抗荧光衰减封片剂，以减缓荧光淬灭。DNA 复染用的 PI 或 DAP 可直接溶于封片液进行染色（40ng DAP/mL；100ng PI/mL）。

六、结果分析

在荧光显微镜下观察杂交信号，利用 ISIS 成像系统软件进行原位杂交图像的采集、加工和处理。

（1）用标记的已知的 RNA 核苷酸片段，按核酸杂交中碱基配对原则，与待测细胞或组织中相应的基因片段相结合（杂交），所形成的杂交体（Hybrids）经显色反应后在光学显微镜或电子显微镜下观察细胞内相应的 mRNA、rRNA 和 tRNA 分子。

（2）基于探针在组织染色体上的 FISH 信号分布，准确观察探针所在染色体上的杂交位点（图 16-1）。

（3）在玻片上显示中期染色体数量或结构的变化，在悬浮液中显示间期染色体 DNA 的结构。

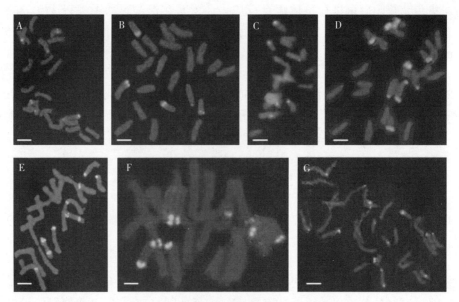

图 16-1 石蒜属植物染色体 FISH 形态

注：A，石蒜；B，换锦花；C，红蓝石蒜；D，玫瑰石蒜；E，忽地笑；F，稻草石蒜；G，中国石蒜；亮色分别表示 45S rDNA 和 5S rDNA 的杂交位点（标尺＝10μm）（张悦等，2022）

七、注意事项

1. 组织取材

组织取材应尽可能新鲜。由于组织 RNA 降解较快，所以，新鲜组织和培养细胞最好在 30min 内固定。

2. 新鲜组织和培养细胞固定的目的

（1）保持细胞结构。

（2）最大限度地保持细胞内 DNA 或 RNA 的水平。

（3）使探针易于进入细胞或组织。

最常用的固定剂是多聚甲醛，与其他醛类固定剂（如戊二醛）不同，多聚甲醛不会与蛋白质产生广泛的交叉连接，因而不会影响探针穿透入细胞或组织。

3. 增强组织的通透性和核酸探针的穿透性

（1）稀酸处理和酸酐处理：为防止探针与组织中碱性蛋白之间的静电结合，

以降低背景，杂交前标本可用 0.25%乙酸酐处理 10min，经乙酸酐处理后，组织蛋白中的碱性基团通过乙酰化而被阻断。组织和细胞标本亦可用 0.2mol/L HCl 处理 10min，稀酸能使碱性蛋白变性，结合蛋白酶消化，容易将碱性蛋白移除。

（2）去污剂处理：目的是增加组织的通透性，利于杂交探针进入组织细胞，最常应用的去污剂是 Triton X-100。注意：过度的去污剂处理不仅影响组织的形态结构，而且还会引起靶核酸的丢失。

（3）蛋白酶处理：蛋白酶消化能使经固定后被遮蔽的靶核酸暴露，以增加探针对靶核酸的可及性。常用的蛋白酶有蛋白酶 K（proteinase K），还有链霉蛋白酶（pronase）和胃蛋白酶（pepsin）等。

4. 杂交缓冲液孵育

杂交前用不含探针的杂交缓冲液在杂交温度下孵育 2h，以阻断玻片和标本中可能与探针产生非特异性结合的位点，达到减低背景的目的。

5. 防止污染

由于在手指皮肤及实验室用玻璃器皿上均可能含有 RNA 酶，为防止其污染影响实验结果，在整个杂交前处理过程中都需要戴消毒手套，实验所用玻璃器皿及镊子都应于实验前一日置高温烘烤（180℃）以达到消除 RNA 酶的目的。杂交前及杂交时所用的溶液均需经高压消毒处理。

6. 双链 DNA 探针和靶 DNA 的变性

杂交反应进行时，探针和靶核酸都必须是单链的。如果用双链 DNA 探针进行杂交（包括检测 RNA 时），双链 DNA 探针在杂交前必须进行变性。探针变性后要立即进行杂交反应，不然解链的探针又会重新复性。

杂交液：杂交液内除含一定浓度的标记探针外，还含有较高浓度的盐类、甲酰胺、硫酸葡聚糖、牛血清白蛋白及载体 DNA 或 RNA 等。杂交液中含有较高浓度的 Na^+ 可使杂交率增加，可以减低探针与组织标本之间的静电结合。甲酰胺可使 Tm 降低，杂交液中含每 1% 的甲酰胺可分别使 RNA：RNA、RNA：DNA、DNA：DNA 的杂交温度降低 0.35℃、0.5℃ 和 0.65℃。所以，杂交液中加入适量的甲酰胺，可避免因杂交温度过高而引起的组织形态结构的破坏以及标本的脱落。硫酸葡聚糖能与水结合，从而减少杂交液的有效容积，提高探针有效浓度，以达到提高杂交率的目的（尤其对双链核酸探针）。在杂交液中加入牛血清白蛋白及载体 DNA 或 RNA 等，都是为了阻断探针与组织结构成分之间的非特异性结合，以减低背景。

探针的浓度：探针浓度依其种类和实验要求略有不同，一般为 0.5~5.0μg/mL（0.5~5.0 ng/μL）。最适宜的探针浓度要通过实验才能确定。探针的长度：一般应在 50~300 个碱基之间，最长不宜超过 400 个碱基。探针短易进入细胞，杂交率高，杂交时间短。

八、思考题

(1) mRNA 原位杂交中需要注意的事项有哪些？

(2) 在预杂交中，HCl 和 BSA 等试剂的功能是什么？为什么要进行预杂交？

(3) 如何避免实验中的假阳性现象？

(4) 如何选择合适的探针？

参考文献：

武江，李森，李子瑜，等，2020. 黄花菜染色体制片及荧光原位杂交技术体系的建立 [J]. 山西农业大学学报（自然科学版），40（6）：13-20.

张悦，王兴达，吴云燕，等，[2022-04-28]. 基于荧光原位杂交的 7 种石蒜属植物的核型分析 [OL]. 分子植物育种：1-9. https：//kns. cnki. net/kcms/detail/46. 1068. s. 20220428. 1126. 007. html.

CHU Y H, HARDIN H, ZHANG R, et al., 2019. In situ hybridization：Introduction to techniques, applications and pitfalls in the performance and interpretation of assays [J]. Semin Diagn Pathol, 36（5）：336-341.

JENSEN E, 2014. Technical review：In situ hybridization. Anat Rec（Hoboken）[J]. 297（8）：1349-1353.

LIM A S, LIM T H, 2017. Fluorescence In Situ Hybridization on Tissue Sections [J]. Methods Mol Biol, 1541：119-125.

SCHIPPER C, ZIELINSKI D, 2020. RNA-in-situ-Hybridisierung：Technologie, Möglichkeiten und Anwendungsbereiche RNA in situ hybridization：technology, potential, and fields of application [J]. Pathologe, 41（6）：563-573.

THISSE C, THISSE B, 2008. High-resolution in situ hybridization to whole-mount zebrafish embryos [J]. Nat Protoc, 3（1）：59-69.

实验十七

蛋白质的分离纯化及双向电泳

一、概述

随着后基因组时代的到来，蛋白质组学应运而生。双向电泳作为蛋白质组研究的三大关键核心技术之一（另两种是质谱技术和计算机图像与蛋白质组数据库即蛋白质组信息学），仍然是目前分析组分复杂蛋白质分辨率最高的工具。双向电泳（two-dimensional electrophoresis，2-DE）是等电聚焦电泳和 SDS-PAGE 的组合，即先进行等电聚焦电泳（按照 pI 分离），然后再进行 SDS-PAGE（按照分子大小），经染色得到的电泳图是个二维分布的蛋白质图。1975 年 O'Farrell's 首次建立并成功地分离约 1 000 个大肠杆菌（E. coli）蛋白，表明蛋白质谱不是稳定的，而是随环境而变化。

双向电泳的基本原理：首先根据蛋白质等电点不同在 pH 梯度胶中等电聚焦（isoelectric focusing，IEF）将其分离，然后按照它们的分子量大小在垂直方向或水平方向进行十二烷基磺酸钠-聚丙烯酰胺凝胶电泳（SDS-PAGE）第二次分离。

根据第一向等电聚焦条件的不同，可将双向电泳分为三种系统：第一种系统是在聚丙烯酰胺凝胶中进行，两性电解质在外加电场作用下形成梯度，该系统称为 ISO-DALT。其主要缺点是 pH 梯度不稳定，重复性差，上样量低，不利于不同实验室间进行图谱比较；如果第一向电泳使用丙烯酰胺和载体两性电解质（immobilines）共聚，形成具有 pH 梯度的凝胶，这种系统称为 IPG-DALT 系统，该系统 pH 梯度稳定，不依赖于外加电场，基本上克服了 ISO-DALT 的主要缺点，无论是重复性和上样量均优于 ISO-DALT；第三种是非平衡 pH 梯度电泳（nonequilibrium pH gradient electrophoresis，NEPHGE），主要用于分离碱性蛋白质，电泳展开时间相对比较短。

双向电泳的样品制备（sample prepareation）和溶解事关双向电泳的成效，目标是尽可能扩大其溶解度和解聚，以提高分辨率。用化学法和机械裂解法破碎以尽可能溶解和解聚蛋白，两者联合有协同作用。对 IEF（isoelectric focusing) 样品的预处理涉及溶解、变性和还原来完全破坏蛋白间的相互作用，并除去如核酸等非蛋白物质。除此之外，机械力被用来对蛋白分子解聚，如超声破碎等。另外，添加 PMSF 等蛋白酶抑制剂，可保持蛋白完整性。

二、实验目的

以细菌细胞为实验材料测定未知蛋白质样品的吸光度，根据标准曲线计算蛋白质浓度，并进行双向电泳分析细菌细胞蛋白质，学习双向电泳仪的使用，掌握双向电泳仪的原理。

三、时间表（表17-1）

表 17-1　时间表

实验内容	所需时间（d）
配制培养基	1
接种大肠杆菌	1
收集菌体，抽提菌体的总蛋白	1
第一向等电聚焦电泳	1
第二向 SDS-PAGE 电泳	1

四、实验仪器、材料和试剂

1. 实验仪器

Bio-Rad 双向电泳仪、蛋白质电泳仪、高速冷冻离心机、离心管、枪头。

2. 实验材料

大肠杆菌菌株。

3. 实验试剂

（1）水化上样缓冲液（Ⅰ）：8mol/L 尿素，两性离子去污剂（4% CHAPS），65mmol/L DTT，0.2%（w/v）两性电解质（Bio-Lyte），1%溴酚蓝，MilliQ 水定容至 10mL，分装成 10 小管，每小管 1mL，-20℃ 冰箱保存。

（2）水化上样缓冲液（Ⅱ）：7mol/L 尿素，2mol/L 硫脲，4% CHAPS，65mmol/L DTT，0.2%（*w/v*）两性电解质（Bio-Lyte），1%溴酚蓝，MilliQ 水定容至 10mL，分装成 10 小管，每小管 1mL，-20℃冰箱保存。

（3）水化上样缓冲液（Ⅲ）：5mol/L 尿素，2mol/L 硫脲，2% CHAPS，两性离子去污剂（2% SB 3-10），65mmol/L DTT，0.2%（*w/v*）Bio-Lyte，1%溴酚蓝，MilliQ 水定容至 10mL，分装成 10 小管，每小管 1mL，-20℃冰箱保存。

（4）胶条平衡缓冲液母液：6mol/L 尿素，2% SDS，1.5mol/L Tris·Cl（pH 值 8.8），20%甘油，MilliQ 水定容至 100mL；分装成 10 管，每管 10mL，-20℃冰箱保存。

（5）胶条平衡缓冲液Ⅰ：10mL 胶条平衡缓冲液母液，0.2g DTT 充分混匀，现用现配。

（6）胶条平衡缓冲液Ⅱ：10mL 胶条平衡缓冲液母液，0.25g 碘乙酰胺充分混匀，现用现配。

（7）低熔点琼脂糖封胶液：0.5%低熔点琼脂糖，25mmol/L Tris·Cl，192mmol/L 甘氨酸，0.1% SDS，1%溴酚蓝，MilliQ 水定容至 100mL；加热溶解至澄清，室温保存。

（8）30%聚丙烯酰胺贮液：150g 丙烯酰胺，4g 甲叉双丙烯酰胺，MilliQ 水溶解，500mL 滤纸过滤后，棕色瓶 4℃冰箱保存。

（9）1.5mol/L Tris 碱 pH 值 8.8：90.75g Tris 碱用 MilliQ 水 400mL，用 1mol/L HCl 调 pH 值至 8.8，加 MilliQ 水定容至 500mL。4℃冰箱保存。

（10）10% SDS：10g SDS 用 100mL MilliQ 水溶解混匀后，室温保存。

（11）10%过硫酸铵（Ap）：0.1g Ap 用 MilliQ 水 1mL（用时加水溶解）溶解后，4℃冰箱保存。

（12）10×电泳缓冲液（1× = 25mmol/L Tris，192mmol/L 甘氨酸，0.1% SDS，pH 8.3）。30g Tris 碱，144g 甘氨酸，10g SDS，1L MilliQ 水混匀后，室温保存。

（13）硝酸银（批次不同对灵敏度有影响）。

（14）0.36%氢氧化钠。

（15）14.8mol/L（30%）的氨水。

（16）1%柠檬酸（可储存数周）。

（17）38%的甲醛。

（18）50%甲醇（试剂纯）。

（19）固定液（Kodak rapid fix）。

（20）封闭液（Kodak hypo clearing agent）。

（21）溶液 A：0.8g 硝酸银溶于 4mL 蒸馏水中。

（22）溶液 B：2mL 0.36%NaOH，1.4mL 14.8mol/L（30%）的氨水。

（23）溶液 C：将 A 液逐滴加入 B 液中并不停搅拌，使棕色沉淀迅速消失，然后加双蒸水至 100mL，15min 内使用。

（24）溶液 D：将 0.5mL 1% 的柠檬酸和 50μL 38% 的甲醛混合，加水至 100mL。溶液必须新鲜配制。

五、实验步骤

（一）处理细胞样品

1. 细菌细胞样品的一般处理步骤

（1）吸出培养液，用胰酶消化或细胞刮子收获细胞。

（2）加入 PBS 溶液，1 500g 离心 10min，弃上清。重复 3 次。

（3）加入 5 倍体积裂解液，或按 1×10^6 细胞悬于 60~100μL 裂解液中混匀。

（4）液氮中反复冻融 3 次。

（5）加 50μg/mL RNA 酶及 200μg/mL DNA 酶，在 4℃ 放置 15min。

（6）15 000r/min，4℃ 离心 15min。

（7）收集上清，分装后冻存于 -70℃。

2. 组织样品的一般处理步骤

（1）碾钵碾磨组织，碾至粉末状。

（2）将适量粉末状组织转移至匀浆器，加入适量裂解液，进行匀浆。

（3）加 50μg/mL RNA 酶及 200μg/mLDNA 酶，在 4℃ 放置 15min。

（4）15 000r/min，4℃ 离心 20min。

（5）收集上清，分装后冻存于 -70℃。

（二）第一向等电聚焦操作步骤

用自制的电泳上样缓冲液，17cm 的胶条，pH 值 4~7。

（1）从 -20℃ 冰箱中取出保存的水化上样缓冲液（Ⅰ）（不含 DTT，不含 Bio-Lyte）一小管（1mL/管），置室温溶解。

（2）在小管中加入 0.01g DTT，Bio-Lyte 4-6、5-7 各 2.5μL，充分混匀。

（3）从小管中取出 400μL 水化上样缓冲液，加入 100μL 样品，充分混匀。

（4）从 -20℃ 冰箱取出保存的 IPG 预制胶条（7cm pH 值 3~10），室温放置 10min。

（5）沿着聚焦盘或水化盘中槽的边缘至左到右线性加入样品。在槽两端各1cm左右不要加样，中间的样品液一定要连贯。注意不要产生气泡，否则，影响到胶条中蛋白质的分布。

（6）当所有的蛋白质样品都已经加入到聚焦盘或水化盘中后，用镊子轻轻地去除预制IPG胶条上的保护层。

（7）分清胶条的正负极，轻轻地将IPG胶条胶面朝下置于聚焦盘或水化盘中样品溶液上，使得胶条的正极（标有"+"）对应于聚焦盘的正极。确保胶条与电极紧密接触。不要使样品溶液弄到胶条背面的塑料支撑膜上，因为这些溶液不会被胶条吸收。同样还要注意不要使胶条下面的溶液产生气泡。如果已经产生气泡，用镊子轻轻地提起胶条的一端，上下移动胶条，直到气泡被赶到胶条以外。

（8）在每根胶条上覆盖2~3mL矿物油，防止胶条水化过程中液体的蒸发。需缓慢地加入矿物油，沿着胶条，使矿物油一滴一滴慢慢加在塑料支撑膜上。

（9）对好正、负极，盖上盖子。设置等电聚焦程序。

（10）聚焦结束的胶条，立即进行平衡、第二向SDS-PAGE电泳，否则，将胶条置于样品水化盘中，-70℃冰箱保存。

（三）等电聚焦程序设置

（1）7cm胶条：水化50V，12~16h（17℃），主动水化（表17-2）。

表17-2　7cm胶条等电聚焦程序设置

编号	电压（V）	状态	时间	特征
S1	250	线性	30min	除盐
S2	500	快速	30min	除盐
S3	4 000	线性	3h	升压
S4	4 000	快速	20 000V-h	聚焦
S5	500	快速	任意时间	保持

选择所放置的胶条数；设置每根胶条的极限电流（30~50μA/根）；设置等电聚焦时的温度（17℃）。

（2）11cm胶条：水化，50V，12~16h（17℃），主动水化（表17-3）。

表17-3　11cm胶条等电聚焦程序设置

编号	电压（V）	状态	时间	特征
S1	250	线性	30min	除盐

（续表）

编号	电压（V）	状态	时间	特征
S2	1 000	快速	30min	除盐
S3	8 000	线性	4h	升压
S4	8 000	快速	40 000V-h	聚焦
S5	500	快速	任意时间	保持

选择所放置的胶条数；设置每根胶条的极限电流（50μA/根）；设置等电聚焦时的温度（17℃）。

（3）17cm胶条：水化，50V，12~16h（17℃），主动水化（表17-4）。

表17-4　17cm胶条等电聚焦程序设置

编号	电压（V）	状态	时间	特征
S1	250	线性	30min	除盐
S2	1 000	快速	1h	除盐
S3	10 000	线性	5h	升压
S4	10 000	快速	60 000V-h	聚焦
S5	500	快速	任意时间	保持

选择所放置的胶条数；设置每根胶条的极限电流（50~70μA/根）；设置等电聚焦时的温度（17℃）。

（四）第二向 SDS-PAGE 电泳

（1）配制10%的丙烯酰胺凝胶2块。配80mL凝胶溶液，每块凝胶40mL，将溶液分别注入玻璃板夹层中，上部留1cm的空间，用MilliQ水、乙醇或水饱和正丁醇封面，保持胶面平整。聚合30min。一般凝胶与上方液体分层后，表明凝胶已基本聚合。

（2）待凝胶凝固后，倒去分离胶表面的ddH$_2$O、乙醇或水饱和正丁醇，用ddH$_2$O冲洗。

（3）从-20℃冰箱中取出的胶条，先于室温放置10min，使其溶解。

（4）配制胶条平衡缓冲液Ⅰ。

（5）在桌上先放置干的厚滤纸，聚焦好的胶条胶面朝上放在干的厚滤纸上。将另一份厚滤纸用ddH$_2$O水浸湿，挤去多余水分，然后直接置于胶条上，轻轻吸干胶条上的矿物油及多余样品。这可以减少凝胶染色时出现的纵条纹。

（6）将胶条转移至溶涨盘中，每个槽一根胶条，在有胶条的槽中加入5mL

胶条平衡缓冲液Ⅰ。将样品水化盘放在水平摇床上缓慢摇晃 15min。

（7）配制胶条平衡缓冲液Ⅱ。

（8）第一次平衡结束后，彻底倒掉或吸掉样品水化盘中的胶条平衡缓冲液Ⅰ。并用滤纸吸取多余的平衡液（将胶条竖在滤纸上，以免损失蛋白或损坏凝胶表面）。再加入胶条平衡缓冲液Ⅱ，继续在水平摇床上缓慢摇晃 15min。

（9）用滤纸吸去 SDS-PAGE 聚丙烯酰胺凝胶上方玻璃板间多余的液体。将处理好的第二向凝胶放在桌面上，长玻璃板在下，短玻璃板朝上，凝胶的顶部对着自己。

（10）将琼脂糖封胶液进行加热溶解。

（11）将 10×电泳缓冲液，用量筒稀释 10 倍，成 1×电泳缓冲液。赶去缓冲液表面的气泡。

（12）第二次平衡结束后，彻底倒掉或吸掉样品水化盘中的胶条平衡缓冲液Ⅱ。并用滤纸吸取多余的平衡液（将胶条竖在滤纸上，以免损失蛋白或损坏凝胶表面）。

（13）将 IPG 胶条从样品水化盘中移出，用镊子夹住胶条的一端使胶面完全浸没在 1×电泳缓冲液中。然后将胶条胶面朝上放在凝胶的长玻璃板上。其余胶条同样操作。

（14）将放有胶条的 SDS-PAGE 凝胶转移到灌胶架上，短玻璃板一面对着自己。在凝胶的上方加入低熔点琼脂糖封胶液。

（15）用镊子、压舌板或是平头的针头，轻轻地将胶条向下推，使之与聚丙烯酰胺凝胶胶面完全接触。注意不要在胶条下方产生任何气泡。在用镊子、压舌板或平头针头推胶条时，要注意是推动凝胶背面的支撑膜，不要碰到胶面。

（16）放置 5min，使低熔点琼脂糖封胶液彻底凝固。

（17）在低熔点琼脂糖封胶液完全凝固后，将凝胶转移至电泳槽中。

（18）在电泳槽加入电泳缓冲液后，接通电源，起始时用的低电流（5mA/gel/17cm）或低电压，待样品在完全走出 IPG 胶条，浓缩成一条线后，再加大电流（或电压）（20~30mA/gel/17cm），待溴酚蓝指示剂达到底部边缘时即可停止电泳。

（19）电泳结束后，轻轻撬开两层玻璃，取出凝胶，并切角以作记号（戴手套，防止污染胶面）。

（20）进行染色。

（五）蛋白质的银染

（1）戴上手套，将凝胶移至一个盛有 50% 甲醇：10% 醋酸混合液

（1∶1）混合的小容器内，至少浸泡 1h，其间换液 2~3 次。

（2）用清水漂洗 30min，其间至少换水 3 次。此时可准备溶液 A、溶液 B、溶液 C。

（3）将凝胶移入一个干净的容器内，在持续温和振摇下用 C 液染色 15min。

（4）用去离子水漂洗凝胶，在轻轻振摇下浸泡 2min。此时准备溶液 D。

（5）将凝胶移至一个干净的容器内，用溶液 D 洗涤，显色。注意：银染的电泳带一般在 10min 内出现，否则，更换溶液 D；如果 X 光片背景已开始变为淡黄色，则应该停止反应。

（6）将凝胶浸入 1% 的醋酸终止反应。

（7）在蒸馏水中漂洗凝胶至少 1h，期间换水 3 次。

（8）如果蛋白质染色太深，则可用固定液（Kodak Rapid Fix）或脱色液（Kodak Rapid Unfix）使电泳胶脱色；再用封闭液（Kodak clearing agent，如 Orbit）终止脱色，然后用 50% 甲醇-10% 醋酸漂洗。

（9）将凝胶保存于水中或进行干胶。

六、结果及分析

使用 Labscan 控制 Image Scanner 扫描图像，Image Master 2D Elite3.0 软件分析。

（1）图像扫描：在 LabScan 中执行扫描。

（2）点检测：可自动执行，同时，也可调节灵敏度和算子大小，在高级设置中更有灵敏度、算子大小、背景和噪声四项供调节筛选出蛋白质点。

（3）背景消减：扫描后的图像一般都有不同程度的背景，从而影响蛋白质点的精确检测，一些双向电泳图像分析软件有较强大的图像调整功能，可在分析前对图像做平滑、对比增强、消减背景等处理。

（4）匹配：匹配时首先要创建参考凝胶，参考凝胶可以是要分析比较的一组凝胶中的一张，也可以是几张凝胶合并而成的平均胶。用户可以通过改变向量框（vectorbox）和搜索框（searchbox）的大小来操纵匹配。由于电泳过程中的一些影响因素的作用，即使是同一样品两次电泳图像之间也存在移位或扭曲。在这种情况下，可以调整上述两个参数得到较好的匹配。

（5）校正：可通过已知分子质量的标准蛋白确定凝胶上蛋白质点的大致分子质量（Mr）、等电点（pI）进行校正。

（6）数据分析和数据库查询：在因特网上有许多蛋白质数据库，这些数据库中存储着不同来源的和不同形式的蛋白质信息。

七、注意事项

（1）配好的尿素储液必须马上使用，或用离子交换树脂（mixed-bed）清除长时间放置时尿素溶液中形成的氰酸盐，预防蛋白质的甲酰化。

（2）将水化上样缓冲液加入蛋白样品中，终溶液中尿素的浓度需 ≥6.5mol/L。

（3）将水化上样缓冲液加入蛋白样品中，终溶液中尿素的浓度需 ≥6.5mol/L。

（4）等电聚焦溶胀缓冲液和样品溶液中都要加入两性电解质，它能够帮助蛋白质溶解。两性电解质的选择取决于 IPG 胶条的 pH 范围。表 17-5 可提供参考。

表 17-5 等电聚焦缓冲液的配方

IPG pH 值范围	两性电解质（Bio-Lyte）		样品溶解体积（μL）	
	Range	Conc.（w/v）	每 5mL	每 50mL
3~10	3~10	40%	25	250
4~7	4~6	40%	12.5	125
	5~7	40%	12.5	125
3~6	3~5	20%	25	250
	4~6	40%	12.5	125
5~8	5~8	40%	25	250
7~10	7~9	40%	12.5	125
	8~10	20%	25	250

（5）下表显示的是通常推荐使用的双向电泳第一向蛋白上样量（表 17-6）。因为样品和样品之间存在差异，所以，这种上样量仅提供参考。对于窄 pH 值范围的 IPG 胶条，需要比宽 pH 值范围的 IPG 胶条上更多的样品，这是因为 pI 值不在此范围内的蛋白质在等电聚焦的过程中会走出胶条。单 pH 值范围 IPG 胶条的上样量是通常的 4~5 倍还多，这样就可以很好地检测低丰度的蛋白质。

表 17-6 蛋白上样量

IPG 胶条的长度（cm）	分析型的上样量（银或 SYPRO Ruby 染色）	制备型的上样量（考马斯亮蓝染色）
7	10~100μg 蛋白	200~500μg 蛋白
11	50~200μg 蛋白	250~1 000μg 蛋白
17	100~300μg 蛋白	1~3mg 蛋白

（6）样品溶液的上样体积见表17-7。这样就可以使胶条溶胀至它们原来的厚度（0.5mm）。胶条最少需要经过11h的溶胀。即使看上去所有的缓冲液都已经被吸收，也一定要确保胶条在槽中溶胀充分的时间。只有在IPG凝胶的孔径已经溶胀充分后，才可以吸收大分子量蛋白质，否则，大分子量蛋白质无法进入胶条。

表17-7　蛋白上样体积

Ready Strip™IPG胶条的长度（cm）	上样体积（μL）
7	125~250
11	185~370
17	300~600

（7）如果在等电聚焦过程中，聚焦盘中还有很多的溶液没有被吸收，留在胶条的外面，这样就会在胶条的表面形成并联的电流通路，而在这层溶液中蛋白质不会被聚焦。这就会导致蛋白的丢失或是图像拖尾。为了减少形成并联电流通路的可能性，可以先将胶条在溶胀盒中进行溶胀，然后再将溶胀好的胶条转移到聚焦盘中。在转移过程中，要用湿润的滤纸仔细地从胶条上吸干多余的液体。

（8）带上手套用镊子去除IPG胶条上的保护层。将IPG胶条仔细地置于溶胀缓冲液上，胶面朝下，确保整个胶面都能被浸湿。

（9）在样品溶液中加入痕量的溴酚蓝对观察溶胀过程很有帮助。在覆盖矿物油之前，可以让胶条先吸收1h的液体。IPG胶条上一定要覆盖矿物油，否则，缓冲液会蒸发，使得溶液浓缩，导致尿素沉淀。作为防止缓冲液蒸发的预防措施，矿物油必须缓缓地加在每个槽内，确保完全地覆盖住每一根胶条。

（10）下面的表格给出了建议使用的IPG胶条运行的总电场-时间（表17-8）。这仅提供参考，不同的样品需要的电场-时间不同。当聚焦过程无法达到最高电压时，只要最后能达到总的电场-时间，且7cm胶条电压不低于3 000V，11cm胶条电压不低于5 000V，17cm胶条电压不低于7 000V，也能对样品进行充分的聚焦。

表17-8　等电聚焦电压

Ready Strip IPG胶条的长度（cm）	最高电压（V）	建议的电场-时间（V-h）
7	8 000	8 000~10 000
11	8 000	20 000~40 000
17	10 000	30 000~60 000

（11）为使样品进入胶的效率增加，采用 50V 低电压溶胀；继续以低电压梯度（200V，500V，1 000V 各 1h）进行电泳，最后达到 10 000V 进行聚焦。

（12）处理预制 IPG 胶条时，一定要始终戴着手套。注意预防角蛋白污染。

（13）水化上样缓冲液的成分由不同的样品决定。

（14）每根胶条蛋白质的总上样量由特定的样品、胶条的 pH 范围及最终的检测方式决定。表 17-9 是进行银氨染色时的蛋白质上样参考。

表 17-9　蛋白上样体积　　　　　　　　　　　　　　　　（μg）

Ready Strip 胶条	7cm	11cm	17cm
3~10	5~100	20~200	50~300
4~7	10~150	40~200	80~300
3~6	10~150	40~200	80~300
5~8	10~150	40~200	80~300
7~10	20~200	50~300	100~300

（15）所有含尿素的溶液加热温度不超过 30℃，否则，会发生蛋白氨甲酰化，使蛋白质 pI 值偏移。

（16）主动水化过程，会帮助大分子量的蛋白质进入胶条，但会丢失部分小分子量蛋白。

（17）当样品中含盐量较高时，建议选用慢速升压；当样品中含盐量一般时，选用线性升压；当样品中含盐量很少时，可以选用快速升压，这样可以节省聚焦时间。

（18）虽然仪器中每根胶条的极限电流可以设为 99A/根。但一般 7cm 胶条的极限电流不超过 30A/根，17cm 胶条的极限电流不超过 50A/根，最好也在 30A/根以下。

（19）可以在聚焦盘的两端电极处搭上盐桥，这可以帮助除盐。但需注意的是，盐桥必须是湿润的，但水不能太多，必要时需用滤纸吸去多余的水分。保持盐桥与电极的紧密接触。

（20）程序设置中的除盐步骤，可根据具体情况进行设置，如果样品中含盐量较高可设置多步除盐，并加长除盐时间。但这种方法只能除去很少量的盐离子，所以最好是在上样前，对样品进行除盐处理。

（21）不同长度的胶条，选用不同体积的胶条平衡缓冲液。可参考表 17-10。

表 17-10　胶条缓冲液　　　　　　　　　　　　　　　　（mL）

胶条的长度	7cm	11cm	17cm
胶条平衡缓冲液 I	2.5	4	6
胶条平衡缓冲液 II	2.5	4	6

（22）胶条平衡缓冲液 I 和胶条平衡缓冲液 II 都要现用现配，因为 DTT 和碘乙酰胺在室温的半衰期很短。

（23）平衡过程导致蛋白丢失 5%～25%，还会使分辨率降低，平衡 30min 时，蛋白带变宽 40%，所以，平衡时间不可过长。如果不经平衡，把等电聚焦凝胶直接放在第二向凝胶上会导致高分子量蛋白的纹理现象，并且等电聚焦凝胶会粘在 SDS 胶上。缩短平衡时间可以减少扩散，但同时会减少向第二向的转移。所以，平衡时间要充分长（至少 2×10min），但也不要超过（2×15min）。

（24）平衡缓冲液包括 Tris·Cl（pH 值 8.8）、SDS（2%），高浓度尿素（6mol/L）和甘油（20%）提高蛋白的溶解度并减少电内渗。第一步加入 DTT（1%）是为了使蛋白去折叠；第二步加入碘乙酰胺是为了去除多余的 DTT（银染过程中，DTT 会导致电脱尾）。

（25）对于非常疏水或含有二硫键的蛋白，TBP（tributylphosphine）比 DTT 和碘乙酰胺更有效。

（26）胶条转移过程的注意事项。

① 在琼脂糖中加入少量的溴酚蓝，可以观察到电泳的进程。

② 琼脂糖的温度不能太高，热的琼脂糖会加速平衡缓冲液中尿素的分解。

③ 当用琼脂糖覆盖胶条时，常会在胶条的下面或背面形成气泡。这些气泡会干扰蛋白质的迁移，所以必须去除。通常在刚加入琼脂糖后，赶快用镊子、压舌板或平头针头轻压胶条塑胶支撑膜的上方，驱赶气泡。

④ 如果选用的是普通琼脂糖，先将胶条推进玻璃板中，使之与第二向凝胶紧密接触，然后再加入琼脂糖封胶液。这是因为普通琼脂糖熔点较高，凝固较快。

（27）SDS-PAGE 凝胶电泳时的注意事项。

① 玻璃板一定要清洗干净，否则，在染色时会有不必要的凝胶背景。

② 过硫酸铵（Ap）要现用现配。40% 的过硫酸铵储存于冰箱中只能使用 2～3d，低浓度的过硫酸铵溶液只能当天使用。

③ 蛋白质从一向（IPG 胶条）到二向（SDS 凝胶）转移时，为避免点脱尾和损失高分子量蛋白，应缓慢进行（场强小于 10V/cm）。

④ 用 Mini Protein 3 电泳槽时，以电流为标准，开始进样的低电流为 5mA/

gel，待样品在浓缩胶部分浓缩成一条线后，再加大电流到 10～15mA/gel；以电压为标准，开始进样的低电压为 50～75V/gel，待样品在浓缩胶部分浓缩成一条线后，再加大电压到 150～200V /gel。用 Protein Ⅱ 电泳槽时，以电流为标准，开始进样的低电流为 10mA/gel，待样品在浓缩胶部分浓缩成一条线后，再加大电流到 20～30mA/gel；以电压为标准，开始进样的低电压为 75～100V/gel，待样品在浓缩胶部分浓缩成一条线后，再加大电压到 300～400V/gel。

（28）步骤 1 中：①高质量的甲醇染色效果反而差，因此，应使用试剂纯的甲醇。②凝胶在第一次甲醇浸泡中可持续存放数周。③将凝胶在 70% PEG2000 中浸泡 30min 后直接进行第三步操作更为快捷。④含有琼脂糖的凝胶在 20% TCA 中固定效果更好。

（29）步骤 3 中：溶液 C 干燥后极易爆炸，因此，宜将其收集在一个瓶中，并加入等体积的盐酸生成 AgCl 沉淀，银用清水冲入下水道会造成重金属对环境的污染，最好按市政管理部门的要求进行处理。

（30）步骤 5：5%～10%的甲醇可以用来减慢显色反应的速度。

（31）步骤 8：可用 10%的甲醇来减缓 Rapid Fix 的脱色。

八、思考题

（1）双向电泳过程中样品制备过程、等电聚焦、胶条平衡、SDS-PAGE 电泳中的关键步骤是什么？

（2）PAGE 胶检测可以用什么染色方法检测，各自的优缺点是什么？

参考文献

BARBOSA E B, VIDOTTO A, POLACHINI G M, 2012. Proteomics：methodologies and applications to the study of human diseases［J］. Rev Assoc Med Bras, 58 (3)：366-375.

CAUFIELD J H, SAKHAWALKAR N, UETZ P, 2012. A comparison and optimization of yease two-hybrid systems［J］. Methods, 58 (4)：317-324.

LAMBERT D G, 2013. Proteomics and metabolomics［J］. Anaesth Intens Care, 14 (4)：169-170.

LUCZAK M, KAZMIERCZAK M, HANDSCHUH L, 2012. Comparative proteome analysis of acute myeloid leukemia with and without maturation［J］. J Proteomics, 75 (18)：5734-5748.

MARTIN I, MOLINA R, JIMENEZ M, 2013. Identifying salivary antigens of *Phlebotomus argentipes* by a 2DE approach [J]. Acta Trop, 126 (3): 229-239.

NOGUEIRA S B, LABATE C A, GOZZO F C, 2012. Proteomic analysis of papaya fruit ripening using 2DE-DIGE [J]. J Proteomics, 75 (4): 1428-1439.

OLIVEIRA B M, COORSSEN J R, MARTINSI-DE-SOUZA D, 2014. 2DE: The phoenix of proteomics [J]. J Proteomics (3): 35.

YANG J W, FU J X, LI J, 2014. A novel co-immunoprecipitation protocol based on protoplast transient gene expression for studying protein-protein interactions in rice [J]. Plant Mol Biol Rep, 32: 153-161.

ZOLOTNIK I A, FIGUEROA T Y, YASPELKIS B B, 2012. Insulin receptor and IRS-1 commun oprecipitation with SOCS-3, and IKKα/β phosphorylation are increased in obese zucker rat skeletal muscle [J]. Life Sci, 91 (15-16): 816-822.

实验十八

功能基因的亚细胞定位及检测技术

一、概述

细胞内部可以进一步划分为不同的细胞区域或细胞器，即亚细胞。常见的亚细胞有细胞核、细胞膜、内质网、高尔基体、细胞质、线粒体、叶绿体等。每种亚细胞中都存在一组特定的蛋白质，亚细胞结构为这些蛋白质行使功能提供了相对独立的生命活动场所。同时，也只有在相同或相近的亚细胞位置上蛋白质间才会有相互作用。为准确了解某种蛋白功能，除需对其蛋白结构进行分析外，通常还需清楚其亚细胞定位（subcellular localization），以此判断其发挥功能的可能场所。蛋白质亚细胞定位对研究蛋白质的功能非常重要。

亚细胞定位可将某种蛋白或者表达产物定位于细胞中的具体位置，如细胞核内、各种细胞器以及质膜上，从而为理解基因的作用机制提供研究方向。目前，研究亚细胞定位最常用的是融合报告基因定位法，将目标蛋白与荧光蛋白的 N 端或者 C 端融合，通过瞬时转化技术或稳定遗传转化技术，使得该融合蛋白在受体材料细胞内表达，目标蛋白会牵引荧光蛋白一起定位到目标细胞器，在扫描共聚焦显微镜的激光照射下会发出绿色荧光，从而可以精确地定位蛋白质的位置。

二、实验目的

掌握亚细胞定位的基本原理及操作步骤，掌握 Gateway 系统的操作方法，了解亚细胞定位的研究思路、结果分析及应用。

三、时间表（表18-1）

表 18-1　各步骤时间

实验内容	所需时间（h）
总 RNA 提取及 cDNA 合成	3

（续表）

实验内容	所需时间（h）
目的基因扩增	3
T载体连接及转化	2
阳性鉴定及质粒提取	4
BP接头添加及BP反应	7
LR反应、检测及质粒提取	8
农杆菌电转化	2
烟草瞬时转化	1
合计	30

注：以上时间不包含过夜连接时间、细菌及植物的培养时间。

四、实验仪器、材料和试剂

1. 实验仪器

Cycler PCR仪、小型离心机、移液器、制冰机、微波炉、电泳仪、凝胶成像仪、高速冷冻离心机、电转化仪、超净工作台、恒温水浴锅、恒温培养箱、恒温摇床、激光共聚焦显微镜等。

2. 实验材料

大肠杆菌TOP10菌株、根癌农杆菌GV3101、中间载体pDONER221、亚细胞定位载体pGWB406（图18-1）、辅助质粒p19、核Marker、膜Marker及阳性鉴定引物（表18-2）。

表18-2 阳性转化子鉴定所需引物

引物名称	引物序列（5′→3′）
35S-F	GACGCACAATCCCACTATCC
pM13-F	TGTAAAACGACGGCCAGT
EGFP-R	CGTCGCCGTCCAGCTCGACCAG
GFP-R	CCATCTAATTCAACAAGAATTGGGACAAC
attB1	GGGG ACA AGT TTG TAC AAA AAA GCA GGC TNN
attB2	GGGG AC CAC TTT GTA CAA GAA AGC TGG GTN

注：N代表A，T，C，G。

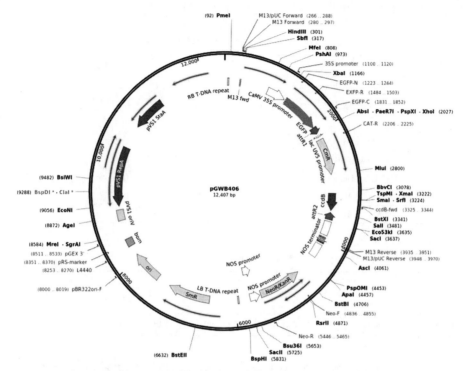

图 18-1　适用于亚细胞定位的载体 pGWB406 的图谱

3. 实验试剂

Invitrogen by Thermo Fisher Scientific 生产的 Gateway BP clonase enzyme mix 和 Gateway LR clonase enzyme mix 试剂盒。OMEGA 公司生产的质粒提取试剂盒 Plasmid Mini Kit I。南京诺唯赞公司生产的高保真酶 Phanta Max Super-Fidelity DNA Polymerase（Vazyme）。

五、实验操作步骤

（一）亚细胞定位载体构建

1. 目的基因的克隆扩增

（1）利用 Primer 6.0 软件进行目的基因的引物设计，送到引物合成公司合成。提取总 RNA 并反转录为 cDNA 作模板，根据表 18-3 的 PCR 反应体系将试剂添加至 PCR 管中，根据表 18-4 反应参数设置 PCR 仪（实际退火温度及延伸时间以具体引物及基因长度为准），进行 PCR 扩增。

表 18-3 PCR 反应体系

试剂	用量（μL）
10× Easy Taq Buffer	2
ddH$_2$O	14.3
dNTP	2
Forward	0.5
Reverse Primer	0.5
Easy Taq	0.5
cDNA	0.2
总体积	20

表 18-4 PCR 反应参数

预变性	30 cycles			充分延伸	保存
	变性	退火	延伸		
94℃ 5min	94℃ 30s	56℃ 30s	72℃ 90s	72℃ 5min	4℃ ∞

（2）凝胶电泳检测，片段大小与目的片段一致后，根据表 18-5 克隆反应体系进行 TA 克隆连接，4℃连接过夜。

表 18-5 TA 克隆反应体系

试剂	用量（μL）
2× Rapid Ligation Buffer	2.5
T4 DNA Ligase	0.5
pGEM-Teasy	1
PCR 产物	1
总体积	5

（3）连接产物转化到大肠杆菌 Top10，转化方法参照实验二，下同。

（4）加 1mL Amp$^+$LB 于 2mL 灭菌离心管，共 8 管，分别挑单克隆至每个离心管中混匀。37℃摇床振荡培养 4~6h 直至菌液浑浊，取 2μL 菌液进行 PCR 检测，引物用基因的上下游引物。挑 3 个阳性单克隆送测序，测序结果比对正确后，提取质粒即为 TA 质粒，提取方法参照 TIANGEN 公司的快速质粒小提试剂盒。

2. pGWB406 重组质粒的构建

利用 Gateway 技术，将目的基因构建至 pGWB406 载体上。

（1）原引物 5′前分别加 BP 接头 attB1、attB2（表 18-2），以 TA 质粒为模板进行 PCR 反应。PCR 反应产物经电泳检测后，进行 BP 反应，反应体系见表 18-6。25℃放置 4h 后，转化到大肠杆菌 TOP10 中。将转化后的大肠杆菌涂于 Kan⁺ 的 LB 固体培养基上 37℃过夜培养。

表 18-6　BP 反应体系

试剂	用量（μL）
ddH$_2$O	1.5
pDONER 221	1
PCR 产物	2
Gateway BP Clonase	0.5
总体积	5

（2）从培养皿上挑单克隆检测，引物上游用 pm13-F（表 18-2），下游用 Gene-R。阳检测序正确后加入含有相应抗生素的 LB 液体培养基中，200r/min 37℃培养 1h，提取质粒为 BP 质粒。

（3）构建 LR 反应体系（表 18-7），室温放置 4h 后，将重组质粒转化到大肠杆菌 TOP10 中，涂在 Spe⁺ 的 LB 固体培养基上过夜培养。

表 18-7　LR 反应体系

试剂	用量（μL）
ddH$_2$O	2.5
pGWB406	1
BP 质粒	1
Gateway LR Clonase	0.5
总体积	5

（4）从培养皿上挑单克隆检测，引物上游用 35S-F（表 18-2），下游用 Gene-R，阳检测序比对结果正确后，加入含有相应抗生素的 LB 液体培养基中，200r/min 37℃摇床摇 1h，提取质粒即为 LR 质粒（pGWB406 重组质粒）。

（二）LR 质粒转化农杆菌

（1）取 2μL LR 质粒电转进农杆菌，转化步骤同实验十五。

（2）将转化产物涂布于含有 Spe⁺和 Rif⁺抗性的 YEP 固体培养基上，吹干后封膜 28℃培养箱倒置培养 24~48h。

（3）挑取单菌落进行 PCR 阳性检测，引物用 35S-F 与 Gene-R。阳性检测正确后，菌液中加入 350μL 终浓度为 25％的甘油，放置在-80℃超低温冰箱内保存备用。

（三） 烟草瞬时转化

以 5 周苗龄并且长势良好的本氏烟草为实验材料（图 18-2）。

图 18-2　本氏烟草幼苗

（1）将含有目的基因的农杆菌放置于冰上解冻。

（2）吸取 200μL 农杆菌菌液，加至 50mL 含有 Spe⁺抗性的 YEP 培养基中，200r/min 28℃过夜培养。

（3）摇至菌液 OD 值为 0.8 左右，5 000r/min 离心 5min，去上清收集菌体。

（4）侵染液配制方法见表 18-8。

表 18-8　亚细胞定位侵染液配制方法

试剂	用量
MES （500mmol/L，pH=5.7）	20mL
AS （1 mol/L）	20μL
MgCl₂ （30mmol/L）	66.4mL
ddH₂O	113.6mL

（5）用浸染液调节农杆菌菌液 OD 值，使终浓度为 OD600 = 1。

（6）同样方法处理 P19、核、膜 Marker。

（7）按照基因菌液：Marker：P19 = 2 : 1 : 1 的比例进行混合，注射进 1 月龄的本氏烟草叶片背面，不同样品各做 3 次重复。

（8）暗培养 24h 后，光培养 24~48h，激光共聚焦显微镜进行观察。

六、结果分析

激光共聚焦显微镜下观察的结果，根据目的蛋白的定位，分为 3 种情况（图 18-3）。

（1）若为质膜蛋白，应该观察到 GFP 蛋白激发的绿色荧光及膜 Marker 产生的红色荧光共定位在细胞质膜位置，细胞核位置无荧光。

（2）若为核蛋白，应该观察到绿色荧光与核 Marker 红色荧光共定位在细胞核位置，质膜位置无荧光。

（3）若为核膜蛋白，应该在质膜和细胞核位置均能观察到绿色荧光与红色荧光共定位。

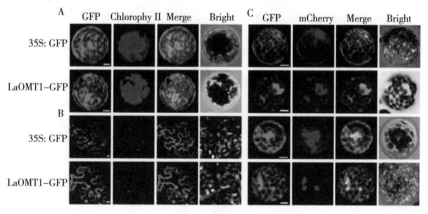

图 18-3 蛋白的亚细胞定位图

七、注意事项

（1）为更好地观察到荧光，激光共聚焦显微镜进行观察时应在弱光环境下观察。

（2）观察时应寻找细胞形态好看完整且较大的细胞进行观察，保存好观察的图片。

八、问题与讨论

（1）请问 Gateway 技术的原理是什么？
（2）为什么荧光蛋白在激光下会发光？
（3）蛋白为什么会分布在细胞的不同部位？

参考文献

带您了解亚细胞定位（Subcellular Localization）. https：//blog. csdn. net/ weixin_44318523/article/details/124118622.

BEN SHI, LAN NI, AYING ZHANG, et al., 2012. OsDMI3 Is a Novel Component of Abscisic Acid Signaling in the Induction of Antioxidant Defense in Leaves of Rice ［J］. Molecular Plant, 5（6）：1359-1374.

YANFEN DING, JIANMEI CAO, LAN NI, et al., 2013. ZmCPK11 is involved in abscisic acid-induced antioxidant defence and functions upstream of ZmMPK5 in abscisic acid signalling in maize ［J］. Journal of Experimental Botany, 64（4）：871-884.

实验十九

染色质免疫共沉淀技术

一、概述

真核生物的基因组 DNA 以染色质的形式存在。因此，研究蛋白质与 DNA 在染色质环境下的相互作用是阐明真核生物基因表达机制的基本途径。染色质免疫共沉淀技术（chromatin immunoprecipitation assay，ChIP）的原理是在活细胞状态下固定蛋白质-DNA 复合物，并将其随机切断为一定长度范围的染色质小片段，然后通过免疫学方法沉淀此复合物，特异性地富集目的蛋白结合的 DNA 片段，通过对目的片段的纯化与检测，从而获得蛋白与 DNA 相互作用信息（图 19-1）。该技术主要用来分析目标基因有无活性，或者分析一种已知蛋白（转录因子）的靶基因。

其原理是在保持组蛋白和 DNA 联合的同时，通过运用对应于一个特定组蛋白标记的生物抗体，染色质被切成很小的片断并沉淀下来。ChIP 是利用抗原蛋白质和抗体的特异性结合以及细菌蛋白质的 "protein A" 特异性地结合到免疫球蛋白的 FC 片段的现象合用开发出来的方法。再将组蛋白与 DNA 分离，用获得的 DNA 去做 PCR 分析和序列测定等检测技术，从而进一步检测哪些基因的组蛋白发生了修饰。目前，多用精制的 protein A 预先结合固化在 argarose 的 beads 上，使之与含有抗原的溶液及抗体反应后，beads 上的 prorein

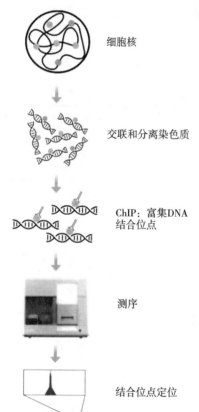

细胞核

交联和分离染色质

ChIP：富集DNA
结合位点

测序

结合位点定位

图 19-1　ChIP 实验原理

A 就能吸附抗原达到精制的目的。

ChIP 不仅可以检测体内反式因子与 DNA 的动态作用，还可以用来研究组蛋白的各种共价修饰与基因表达的关系。而且，ChIP 与其他方法的结合，扩大了其应用范围：如 ChIP 与基因芯片相结合建立的 ChIP-on-chip 方法已广泛用于特定反式因子靶基因的高通量筛选；ChIP 与体内足迹法相结合，用于寻找反式因子的体内结合位点；RNA-ChIP 用于研究 RNA 在基因表达调控中的作用。由此可见，随着 ChIP 的进一步完善，它必将会在基因表达调控研究中发挥越来越重要的作用。

二、实验目的

掌握染色质免疫共沉淀技术的原理，熟悉该技术的操作流程，了解该技术的研究思路及应用，了解分析问题及解决问题的途径。

三、时间表（表 19-1）

表 19-1　染色质免疫共沉淀所需时间

实验项目	所需时间（d）
细胞的甲醛交联与超声破碎除杂及抗体哺育	1
免疫复合物的沉淀及清洗	2
DNA 样品的回收/PCR 分析	3

四、主要仪器、材料、试剂

1. 主要仪器

电泳仪、恒温水浴锅、台式高速离心机、烘箱、离心管、超声破碎仪等。

2. 材料

细胞样品。

3　试剂

37%甲醛、2.5mol/L 甘氨酸、PBS、蛋白酶 K、Omega 胶回收试剂盒、兔

Ku80 抗体、兔正常 IgG、羊抗兔 Ku80 二抗。

（1）SDS Lysis Buffer：50mmol/L Tris-HCl pH = 8.0，10mmol/L EDTA，1% SDS，用前加蛋白酶抑制剂。

（2）Dilution Buffer：0.01% SDS，1.1% Triton X-100，1.2mmol/L EDTA，16.7mmol/L Tris-HCl pH = 8.0，167mmol/L NaCl，用前加 PMSF。

（3）Wash Buffer。

① low salt wash buffer：0.1% SDS，1% Triton X-100，2mmol/L EDTA，20mmol/L Tris-HCl pH = 8.1，150mmol/L NaCl。

② high salt wash buffer：0.1% SDS，1% Triton X-100，2mmol/L EDTA，20mmol/L Tris-HCl pH = 8.1，500mmol/L NaCl。

③ LiCl wash buffer：1% NP40，1% deoxycholate，1mmol/L EDTA，10mmol/L EDTA pH = 8.1。

④ TE buffer：10mmol/L Tris-HCl，1mmol/L EDTA pH = 8。

五、操作步骤

1. 细胞的甲醛交联与超声破碎

（1）取出 1 平皿细胞（10cm 平皿），加入 243μL 37% 甲醛，使得甲醛的终浓度为 1%（培养基共有 9mL）。

（2）37℃ 孵育 10min。

（3）终止交联：加甘氨酸至终浓度为 0.125mol/L。450μL 2.5mol/L 甘氨酸于平皿中。混匀后，在室温下放置 5min 即可。

（4）吸尽培养基，用冰冷的 PBS 清洗细胞 2 次。

（5）细胞刮刀收集细胞于 15mL 离心管中（PBS 依次为 5mL、3mL 和 3mL）。预冷后 2 000r/min 5min 收集细胞。

（6）倒去上清。按照细胞量加入 SDS Lysis Buffer，使得细胞终浓度为每 200μL 含 $2×10^6$ 个细胞，再加入蛋白酶抑制剂复合物。假设长满板为 $5×10^6$ 个细胞，本次细胞长得约为 80%，即为 $4×10^6$ 个细胞。因此，每管加入 400μL SDS Lysis Buffer。将 2 管混在一起，共 800μL。

（7）超声破碎：VCX750，25% 功率，4.5s 冲击，9s 间隙。共 14 次。

2. 除杂及抗体哺育

（1）超声破碎结束后，10 000g 4℃ 离心 10min，去除不溶物质，留取 300μL

做实验，其余保存于-80℃。300μL 中，100μL 加抗体作为实验组；100μL 不加抗体作为对照组；100μL 加入 4μL 5mol/L NaCl（NaCl 终浓度为 0.2mol/L），65℃处理 3h 解交联，跑电泳，检测超声破碎的效果。

（2）在 100μL 的超声破碎产物中，加入 900μL ChIP Dilution Buffer 和 20μL 的 50×PIC。再各加入 60μL ProteinA Agarose/SalmonSperm DNA。4℃颠转混匀 1h。

（3）1h 后，在 4℃静置 10min 沉淀，700r/min 离心 1min。

（4）取上清。各留取 20μL 做为 input。一管中加入 1μL 抗体，另一管中则不加抗体。4℃颠转过夜。

（5）取 100μL 超声破碎后产物，加入 4μL 5mol/L NaCl，65℃处理 2h 解交联。分出一半用酚/氯仿抽提。电泳检测超声效果。

3. 免疫复合物的沉淀及清洗

（1）孵育过夜后，每管中加入 60μL ProteinA Agarose/SalmonSperm DNA。4℃颠转 2h。

（2）4℃静置 10min 后，700r/min 离心 1min。除去上清。

（3）依次用下列溶液清洗沉淀复合物。清洗的步骤：加入溶液，在 4℃颠转 10min，4℃静置 10min 沉淀，700r/min 离心 1min，除去上清。

洗涤溶液：

① low salt wash buffer-one wash

② high salt wash buffer-one wash

③ LiCl wash buffer-one wash

④ TE buffer-two wash

（4）清洗完毕后，开始洗脱。洗脱液的配方：100μL 10% SDS，100μL 1mol/L NaHCO$_3$，800μL ddH$_2$O，共 1mL。每管加入 250μL 洗脱 buffer，室温下颠转 15min，静置离心后，收集上清。重复洗涤一次。最终的洗脱液为每管 500μL。

（5）解交联：每管中加入 20μL 5mol/L NaCl（NaCl 终浓度为 0.2mol/L）。混匀，65℃解交联过夜。

4. DNA 样品的回收与 PCR 分析（表 19-2）

（1）解交联结束后，每管加入 1μL RNaseA（MBI），37℃孵育 1h。

（2）每管加入 10μL 0.5mol/L EDTA，20μL 1mol/L Tris-HCl（pH 6.5），2μL 10mg/mL 蛋白酶 K。45℃处理 2h。

（3）DNA 片段的回收——omega 胶回收试剂盒。最终的样品溶于 100μL ddH$_2$O。

表 19-2 ChIP-PCR 检测 Ku80 结合 *FOXF2* 启动子区引物序列

成分	体积	片段大小	区间
*FOXF*2-1-上	GACGCCTGTTCAGCTAATTT	243bp	102~344
*FOXF*2-1-下	GCTGGTGGGCTGTAGAT		
*FOXF*2-2-上	CATCTACAGCCCCACCAGC	120bp	326~445
*FOXF*2-2-下	GGCAAAGAGCCTTCACAGC		
*FOXF*2-3-上	ACACTCAGCCAGGAGCAGTC	245bp	345~589
*FOXF*2-3-下	GGACCAAACAGGAGGTAGAGC		
*FOXF*2-4-上	ACCTCGGTCCTTTCAGCC	240bp	531~770
*FOXF*2-4-下	CCTCGGGAGCAATCACTTC		
*FOXF*2-5-上	CTATCCCTGGTCGGACTACATT	201bp	687~887
*FOXF*2-5-下	TTAACATTGCCCACCCAAA		
*FOXF*2-6-上	TTTGGGTGGGCAATGTTAA	243bp	869~1 111
*FOXF*2-6-下	ACCTGGATCTCATGGGACTTA		
*FOXF*2-7-上	GGGAAGAAGTGGAAGCAAAT	236bp	1 064~1 299
*FOXF*2-7-下	CCAGACGCCCAAAGGTAA		
*FOXF*2-8-上	AGGATTGGCACGTTACCTTT	274bp	1 270~1 543
*FOXF*2-8-下	CTCGACCACCTCTGACTTCAT		
*FOXF*2-9-上	AGTCAGAGGTGGTCGAGTTT	174bp	1 467~1 640
*FOXF*2-9-下	CCTCCCTCTCTTATCTCGCTC		
*FOXF*2-10-上	AGAGGAATGAAGAGCGAGG	240bp	1 644~1 833
*FOXF*2-10-下	GGACGAGCCCGACGTCTC		

六、结果分析

（1）样品纯度要求：OD 值应在 1.8~2.0；电泳检测无明显 RNA 条带，基因组条带清晰、完整。

（2）样品浓度：浓度不低于 10ng/μL；样品总量不低于 200μg。

（3）请提供 DNA 样品具体浓度、体积、制备时间、溶剂名称及物种来源。请同时附上 QC 数据，包括电泳胶图、分光光度计或 Nanodrop 仪器检测数据。如需进行多次样品制备，需要提供多次样品制备所需样品。

CHIP-PCR 检测 Ku80 结合 *FOXF*2 启动子区的丰度见图 19-2。

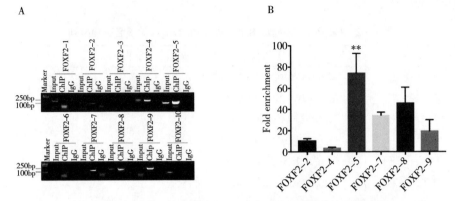

图 19-2　CHIP-PCR 检测 Ku80 结合 *FOXF*2 启动子区的丰度

　　A：琼脂糖凝胶电泳检测中显示 *FOXF*2 引物对 2、4、5、7、8、9 具有对扩增片段条带，且第 5 对所扩增的片段浓度最高；B：选择 2、4、5、7、8、9 引物对所扩增的片段进行荧光定量 PCR 检测，发现第 5 对引物（扩增区域为 *FOXF*2 基因启动子区碱基序列中的 687～887bp）所扩增的结合区域显著高于其他引物扩增的片段（$P<0.01$）。

七、注意事项

（1）实验最需要注意点就是抗体的性质，抗体不同和抗原结合能力也不同。建议仔细检查抗体的说明书，特别是多抗的特异性问题。

（2）要注意溶解抗原的缓冲液的性质。多数的抗原是细胞构成的蛋白，特别是骨架蛋白，缓冲液必须使其溶解。为此，必须使用含有强界面活性剂的缓冲液，尽管它有可能影响一部分抗原抗体的结合。另外，如用弱界面活性剂溶解细胞，就不能充分溶解细胞蛋白。即便溶解也产生与其他的蛋白结合的结果，抗原决定簇被封闭，影响与抗体的结合，即使 IP 成功，也是很多蛋白与抗体共沉的悲惨结果。

（3）为防止蛋白的分解、修饰，溶解抗原的缓冲液必须加蛋白酶抑制剂，低温下进行实验。每次实验之前，首先考虑抗体/缓冲液的比例。抗体过少就不能检出抗原，过多则不能沉降在 beads 上，残存在上清。缓冲液太少则不能溶解抗原，过多则抗原被稀释。

八、思考题

（1）ChIP 操作过程中加入甲醛和甘氨酸各什么作用？

（2）基于 ChIP 的衍生技术 ChIP-chip、ChIP-seq 有哪些实际应用？

参考文献

郝福英，2010. 基础分子生物学实验［M］. 北京：北京大学出版社.

李钧敏，2010. 分子生物学实验［M］. 杭州：浙江大学出版社.

刘振华，2020. LSD1 与互作蛋白 Ku80 靶向 FOXF2 影响结肠癌细胞侵袭迁移机制的研究［D］. 贵州：贵州大学.

吴乃虎，2000. 基因工程原理［M］. 2 版. 北京：科学出版社.